交互原型技术

技术

——设计师
Arduino实践

米海鹏 著

清华大学出版社

北京

内 容 简 介

本书基于 Arduino 平台，通过梳理交互原型技术基础知识，辅以丰富的案例实验与讲解分析，力图使读者在实践中快速掌握交互原型技术的基本内容。

本书共分 12 章。第 1 章主要介绍与交互原型技术相关的重要概念及知识；第 2 章至第 9 章涵盖制作交互原型的相关知识，包括 Arduino 和 InnoKit 基本知识、制作流程讲解，以及制作灯光与显示模块、开关与调节模块、音节与旋律模块、舵机模块、传感器模块等；第 10 章和第 11 章通过对优秀案例进行讲解分析，展现一件交互原型作品诞生的全流程，为设计实践提供经验参考；第 12 章选取了不同方向及领域内的交互作品，对它们进行详细的解读及技术还原。

本书知识体系完整，讲解清晰易懂，理论与实践相结合。本书可供设计类、艺术类院校及艺术与科技相关专业的教师及学生使用，也可以作为交互设计、交互技术类课程的核心内容的学习教材，以及对交互原型技术感兴趣的学者和从业人员的学习材料或参考读物。

图书在版编目(CIP)数据

交互原型技术 ： 设计师Arduino实践 ／ 米海鹏著.
北京 ： 清华大学出版社，2024. 7. -- ISBN 978-7-302
-66698-1

Ⅰ．TB472-39

中国国家版本馆CIP数据核字第2024CC3187号

责任编辑：宋丹青
封面设计：李知恒
责任校对：王荣静
责任印制：杨　艳

出版发行：清华大学出版社
　　　　　网　　　　　址：https://www.tup.com.cn，https://www.wqxuetang.com
　　　　　地　　　　　址：北京清华大学学研大厦A座　　　　邮　　编：100084
　　　　　社　总　机：010-83470000　　　　　邮　　购：010-62786544
　　　　　投稿与读者服务：010-62776969，c-service@tup.tsinghua.edu.cn
　　　　　质　量　反　馈：010-62772015，zhiliang@tup.tsinghua.edu.cn
印　装　者：大厂回族自治县彩虹印刷有限公司
经　　销：全国新华书店
开　　本：210mm×285mm　　　印　　张：11.25　　　字　　数：343千字
版　　次：2024年7月第1版　　　印　　次：2024年7月第1次印刷
定　　价：59.80元

产品编号：095532-01

序

艺术与科学的结合是当代艺术发展的重要趋势，也是清华大学一直非常重视的研究领域。2005年，清华大学美术学院成立了信息艺术设计系，其中艺术与科技（信息艺术设计）是国内最早设立的研究新技术条件下的艺术设计创新的专业。2009年，由清华大学美术学院鲁晓波教授、计算机科学与技术系史元春教授、新闻与传媒学院尹鸿教授等联合发起了信息艺术设计交叉学科硕士研究生项目，汇聚来自不同专业的师生共同探索学科交叉之路，迄今已有上百个专业的同学在这个项目中学习过。2017年，作为科研机制改革和推动跨学科交叉的重大举措，清华大学成立了未来实验室。未来实验室以"计算、传播、媒体、艺术汇聚合一"为愿景，探索艺术与科学的融合路径。作为清华美院信息艺术设计系、交叉学科研究生项目和未来实验室发展的亲历者，同时也是人机交互领域的从业者与教育者，我见证了这一领域的蓬勃发展，也深刻感到清华大学在推动人机交互发展方面的重要责任。本书对交互原型技术进行了深入浅出的介绍，就是这一责任的直接体现。

党的二十大报告提出"必须坚持科技是第一生产力、人才是第一资源、创新是第一动力，深入实施科教兴国战略、人才强国战略、创新驱动发展战略，开辟发展新领域新赛道，不断塑造发展新动能新优势"，交互原型技术就是这样一个能将科技、人才和创新三个要素有机结合的"新领域新赛道"。交互原型技术是通过物理计算来探索人机交互的可能性，对相关领域有着深远的影响。交互原型技术作为一门新兴的交叉学科，综合运用了交互设计、人机交互、电路等多学科知识，通过简易原型来快速验证产品或系统的可行性，是一种基于复杂语境下的设计方法，其强大的信息反馈机制及创新能力拓展了设计专业的边界，也为设计师提供了更多探索空间。

本书作者米海鹏老师在这一领域积累了丰富的设计实践经验，对交互原型技术有着深入的研究。同时，米海鹏老师也拥有丰富的交互设计教学经验。在清华美院授课期间，米老师为课程教学专门设计了教学材料包InnoKit，并且教学成果丰硕，历年课程涌现了许多优秀作品，其中2016年的部分课程作品参加了奥地利林茨电子艺术节学院展。本书正是建立在丰富的实践与教学基础之上，具有鲜明的实践应用导向。

全书内容系统严谨，从技术概念出发，简明扼要地介绍了Arduino、各种传感器等核心技术。特别值得一提的是，书中穿插了大量生动的案例分析和实验环节，辅以精美的插图和视频，给学生以直观的学习体验。本书内容覆盖面广，结构合理，内容丰富，形式新颖，既可作为设计专业教师和学生的教材，也可供其他专业感兴趣的读者参考学习。我相信通过学习本书，读者一定能够建立扎实的交互原型技术基础，在未来的设计实践中能够游刃有余地运用各种丰富的技术手段。

本书的出版，标志着交互原型技术的教学向前迈进了一大步。它必将推动该领域技术和理论研究的深入，也会启发广大设计工作者和学生的创新思维。我诚挚地推荐这本书，相信它一定会成为设计学科不可多得的经典教材和重要资源。让我们一起见证这门新兴学科的蓬勃发展！

徐迎庆
于清华大学
2023年10月

前言

　　交互，可以理解为人与人、人与环境、人与信息系统的交流与互动。"交互设计"已经成为诸多设计院校的核心课程。原型，是在构建产品的过程中重要的工具手段，利用简化的材料和方法制作的原型可以用来展示和测试产品的核心功能。因此，交互原型技术就是面向构建一个交互系统的简易原型所需的技术手段。

　　搭建交互原型，在智能产品设计、用户体验研究、交互艺术装置等诸多领域都有着广泛应用。交互原型不仅是交互设计的核心方法之一，更是通向一个成功的产品或艺术装置不可或缺的重要路径。交互原型的内涵十分丰富，既包括面向UI设计的线框图原型方法，也包括面向实体产品或装置的原型技术方法。本书在侧重后者的基础上，以最为流行的Arduino平台作为核心原型工具，讲授面向具有实体交互能力的原型装置的实现技术。目前，市面上已有许多Arduino相关教材，但是从设计相关专业学生视角进行内容编写及讲解的寥寥无几。因此，笔者结合自己多年为设计相关专业本科生开展一线教学的经验编写了本书，旨在为艺术与科技相关专业的学生及爱好者提供一本更加易学易用的教材。

　　党的二十大报告指出，要"加快建设高质量教学体系，发展数字教育"，并明确提出推进"产教融合、科教融汇"。本书以简明易懂的方式深入讲解交互原型技术相关知识，旨在最大限度地降低电路及编程技术的门槛，鼓励读者将丰富的创意和设计融入实践中，从而实现产教融合、科教融汇。本书适合设计类、艺术类院校及艺术与科技相关专业的教师及学生使用，作为交互设计、交互技术类课程的核心内容进行学习，亦可作为对交互原型技术感兴趣的爱好者和从业人员的学习材料或参考读物。

本书共分为12章。第1章主要介绍与交互原型技术相关的重要概念及知识，帮助读者快速进入本书语境之中。第2章至第9章涵盖原型技术的相关知识，包括Arduino和InnoKit基本知识、制作流程，以及制作灯光与显示模块、开关与调节模块、音节与旋律模块、舵机模块、传感器模块等。第3章至第9章均设有"实验流程""实验解读"环节，让读者通过实验方式掌握原型制作的基本内容，并理解相应的技术原理；"课后习题"环节为读者提供了更丰富的练习内容；每章节配套的视频学习资料也可以配合实验案例同步使用。第10章至第11章通过对优秀案例的讲解，展现一件交互原型作品诞生的全流程，为设计实践提供经验参考。第12章选取了不同方向及领域的交互作品，对它们进行了详细的解读及技术还原，并附上关键环节的代码，起到帮助读者拓宽思路，举一反三、 抛砖引玉的作用。

总体上，本书有以下4个特点：第一，本书精心编排了一系列交互原型实验，让读者通过动手设计与实验的方式快速掌握原型设计、物理计算及交互原理等内容；第二，书中所呈现的交互原型技术覆盖面较全，从基础元件到各种传感器及驱动器，从知识构建到代码分析，能够适应有不同基础及需求的读者使用；第三，本书配有详细的实验视频及详解插图，以高度可视化的方式对重、难点进行展示与解析，提高内容的可读性；第四，本书精选了配套案例解析及拓展知识，搭建起更加全面、综合的交互原型知识体系。

笔者在编著此书的过程中，也得到了笔者所授课程的历任助教同学、参与课程学习的部分学生，以及关心本教材建设的研究生同学的大力支持。参与本教材编写、插图绘制、视频制作、版式设计等工作的团队成员包括卢秋宇、冯元凌、孙启瑞、徐海晴、刘贝托、李知恒、于汉杰、郭心怡。我们谨以此书献给那些希望了解和掌握交互原型技术的广大学生、 教师及设计工作者。我们对编写团队所有成员的辛勤付出深表感激，同时也要向本书的读者们表达我们最真挚的谢意。拙作仓促，难免有疏漏之处，恳请读者赐教，不胜感激！

米海鹏
于清华大学媒体与交互实验室
2023年7月

目录

**第4章
灯光与显示**

4.1	点一盏LED灯	40
	实验4-1:点亮LED灯	41
	实验4-2:调节LED灯的亮度	43
4.2	点一盏全彩LED灯	45
	实验4-3:点亮全彩LED灯	46
	实验4-4:控制全彩LED灯阵列	48
	本章小结	51
	课后练习	51

**第5章
开关与调节**

5.1	按压按钮	54
	实验5-1:使用按钮做控制	54
	实验5-2:检测按钮的单次点按	57
	实验5-3:检测按钮的多次点按	58
5.2	调节旋钮	60
	实验5-4:使用旋钮做控制	61
	本章小结	63
	课后练习	63

**第6章
音乐与旋律**

6.1	谱一首曲	66
	实验6-1:使用蜂鸣器演奏旋律	66
6.2	播放音乐	71
	实验6-2:使用扬声器播放MP3音乐	71
	实验6-3:使用按钮控制音乐播放	73
	本章小结	76
	课后练习	77

analogWrite（ledpin，fadevalue）

第 1 章

交互原型之旅

void setup（）

int buttonState

1

const int

int buttonState = 0

const int buttonPin = 2;

const int ledPin = 13;

随着科技的不断进步，"交互"这一概念的内涵日益丰富，我们几乎每天都需要与计算机和手机进行互动，甚至可以进入一个完全虚拟的世界，或者在现实世界中创造出一种原本不存在的互动体验。以人为中心的交互正逐渐成为时代的标志性特征，如何让交互更好地发生，产生更加愉悦、高效的交互体验，也成为了一个重要问题。交互设计是围绕交互体验所展开的设计研究与实践，它体现了用户与系统之间的信息传递方式，也是交互产品的构建基础。在众多交互设计或创作的方法中，"交互原型"是一种重要的工具手段，通过采用简化的材料和方法，制作出的原型可以展示和测试产品的核心功能，从而提高产品的实用性。可以说，交互原型技术是为了构建一个简单的交互系统而采用的一种技术手段，通过对用户行为及需求分析，以人机交互方式进行产品设计开发，使用户能够更加方便地使用产品，并能够有效提升其体验感和满意度。

"交互"充满魅力，"交互原型"则是开启通往这个全新魅力世界之门的钥匙之一。如何才能设计出符合用户需求、让人愉悦接受并乐于使用的"交互原型"呢？在我们踏上"交互原型"之旅之前，深入了解以下 4 个问题，将有助于我们更好地迈向成功之路。

1.1 什么是交互？

当使用"交互"这个词时，是在怎样的语境中来理解的呢？比如，人与宠物的"交互"、人与计算机的"交互"、人与自然的"交互"等，这里的交互都是同样的含义吗？从最为广泛的层面上来说，交互是指"相互作用或影响"，也有人将它扩展为两个词语的并列——交流互动。可见，各种释义都指向交互的核心在于"相互的"，即参与交流，发生作用的对象之间的关系是双向的，而非单方面的影响。像前面提到的人与宠物的交流互动，就是这种广泛意义上的交互。当交互作为一个专业名词来使用时，通常指向人机交互、交互设计等领域，但交互作为一种设计理念所涉及的范围更加广泛。

下面来分析一下这个例子，由意大利设计师马西莫·维格内利（Massimo Vignelli）设计的纽约地铁线路图于 1972 年问世（见图 1-1），这份折页式的引导图是平面设计史上的经典作品，不仅受到了来自设计界的认可，也同样得到了纽约市居民的肯定。除了简洁明晰的视觉形象，这份引导图最特别的一点是，它充分考虑了不同身份的乘客可能的需求，或者说，将不同乘客的行为作为设计的基础。因此，设计师选择完全省略地面细节，转而采用易于阅读的颜色编码系统，显示均匀分布的车站信息，正如评论者所说，高峰时段通勤的乘客，如游客、本地居民等，都可以快速有效地找到自己需求所对应的路线与信息。设计师有效地预测和设计了乘客的整个体验，充分考虑到乘客与他人、与地铁、与地铁站环境可能产生的交互行为。在计算机辅助设计软件及导航软件尚未普及的 20 世纪 70 年代，设计师已经在应用"交互"理念，并在实践中作为一种设计方法进行探索。

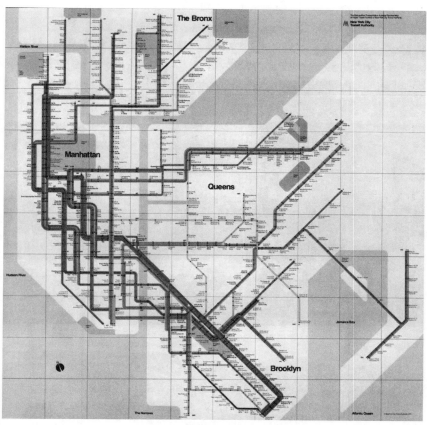

图 1-1 纽约地铁线路图（1972）

再次转换一下视角，除了设计领域的"交互"，根植于"控制论"中的交互也十分重要，可以说是交互设计的重要理论基础。控制论有着庞杂的理论体系，其基本概念是将"反馈—调整"作为某种系统的控制方法。举例来说，当舵手驾驶船时会通过不断调整船舵转向来应对各种航行情景，从而在变化多端的环境中保持稳定航行。这就是控制论的缩影——利用信息反馈不断调整系统的运行并形成循环。控制论就是以机器内部控制与调节为原则，将其类比于生物体或社会组织体后，以控制原则为研究对象的理论。简单来说，控制论是关于人、动物和机器如何相互控制和通信的科学研究。

控制论对现代艺术与设计产生了深刻影响，无论是在理念、模型还是方法上都能发现其踪影。1968 年 8 月，由贾西娅·里卡特（Jasia Reichardt）策划的"控制论的意外发现"（Cybernetic Serendipity）在英国伦敦当代艺术学院举办。一批设计师、艺术家、工程师、科学家的作品集中展出，充分展示了艺术与科学的深度融合。下面来看一件该展览中的作品，作曲家及设计师彼得·季诺维耶夫（Peter Zinovieff）展示了一套音乐设备（见图 1-2）——参观者可以对着麦克风唱歌或吹口哨，而设备会根据这首曲子即兴创作一段音乐。在那个计算机与机械工程还不够发达的年代，体积庞大的设备将多种技术应用其中，更为重要的是，它已距离现在所说的交互式体验不远，将观众的行为信息设计成为系统中的一部分，实现人与机器的交互，这种设计实践已然成型。

图 1-2　彼得·季诺维耶夫在"控制论艺术展"中展出的 EMS 音乐设备

综上所述，交互作为一种艺术或设计理论，与控制论有着高度密切的相关，其本质强调的是信息反馈在系统中发挥作用从而产生各种行为，交互就是系统中各个环节之间的相互影响。明确不同情景下"交互"一词的含义，可以帮助人们更好地把握交互的本质与核心。

1.2 什么是交互设计？

上文中大致梳理了"交互"一词的多种含义，下面继续缩小范围，将目光锁定在交互设计这个领域中。如果在搜索器中输入"交互设计（Interaction Design）"一词，大概会弹出各种关于 UI（User Interface，用户界面设计）与 UX（User Experience，用户体验设计）的信息与教程，这也是很多人对于交互设计的直观概念。然而事实上，交互设计作为一门学科起源于人机交互领域（Human-Computer Interaction），"交互设计"一词最早由比尔·莫格里吉（Bill Moggridge）提出，他是著名的英国设计师，也是提倡人本中心（Human-centered）设计方法的先锋。回顾交互设计的发展历程，可以发现交互设计是人与产品、系统或服务之间的对话所产生的。这种对话在本质上兼具生理和情感两个层面，随着时间的推移呈现出形式、功能和技术三者之间的相互作用机制，而这些因素又对互动过程中的各种行为方式形成了不同程度的影响。从设计实践的角度来看，交互设计是一种设计方法，旨在创造用户与产品或服务之间有效、高效和愉悦的交互体验。它涉及人机交互的所有方面，包括用户界面设计、信息设计和交互流程等。交互设计师通过理解用户的需求和行为，以及产品或服务的特点，来设计可操作、易用和易学的界面和功能。在交互设计中，要考虑用户的心理和行为模式，以及他们与产品或服务的互动方式，以实现最终用户的愉悦和成功体验。

需要注意的是，本书所讲述的内容是围绕"交互设计"展开的，虽然交互设计有时经常与用户体验设计互相代替使用，但它们并不完全相同。用户体验设计和交互设计之间的主要区别在于考虑用户交互的方式，交互设计师专注于用户与产品交互的那一刻，他们的目标是不断改善交互的体验。而对于用户体验设计师来说，交互时刻只是用户与产品的交互之旅中的一部分，还要考虑产品或系统面向用户的其他方面。此外，交互设计并不一定以"产品"作为目的，还可以是作品甚至是实验，具有很强的前沿性与实验性。

交互设计的灵魂是交互设计师的创造性，那么交互设计师到底是做什么的呢？这个问题没有统一答案。一般来说，交互设计师的职责包括设计产品/作品的关键交互环节并且创建原型来测试及展示。总而言之，交互设计是基于"交互"理念的设计行为，它是诸多领域与学科的交叉与融合。对设计师来说，需要掌握一定的设计理论与实现工具才能得以较好的实践。交互设计与用户体验设计的关系见图1-3。

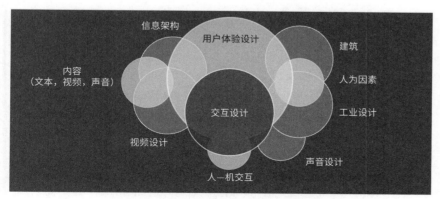

图 1-3 交互设计与用户体验设计的关系

1.3　什么是交互原型技术？

在第二个问题中，提到交互设计师需要使用"原型"来对设计进行测试与展示。那么什么是"原型"？如何应用交互原型技术呢？

原型（prototype）是为测试概念或流程而构建的产品的早期样本、模型或版本。一般来说，原型制作是设计思维（Designing Thinking）和用户体验设计不可或缺的一部分，因为它能够促使我们快速测试想法并及时改进。斯坦福大学设计学院鼓励"贵在行动（bias towards action）"，构建与测试比思考与讨论更重要。一个有趣的现象是，在我们的童年时期，可以利用能得到的一切材料，如画笔、卡纸、橡皮泥等，去制作各种模仿世界的模型，它们可能并不精确或美观，但从本质上来说，与在设计中应用原型的思路并没有太大区别。原型可以有多种形式，但它们都是"有形的"，可以是草图、故事板、数字界面的纸质原型等。原型可以是快速和粗略的——对早期测试和学习很有用，也可以是完整的和详细的——通常用于项目接近尾声的测试。

总体来看，"原型"作为一种模型所具备的各种特点，与交互设计的需求较为契合。交互设计始终面向用户/体验者，以可能产生的交互行为作为信息反馈的流程，而原型为实现这种"信息-行为-信息"循环流程提供了快速反馈及调整的反复路径，并对交互行为所产生的双向影响形成了系统记录。"交互原型技术"可以视为实现上述过程的一种方法或者工具，为交互设计的实践提供了丰富的可能性与较低的实现成本，值得尝试与应用。

广义上来说，"交互原型技术"可以概括为：为了构建交互式体验来探索设计理念的过程，帮助其他人看到设计者的创意和理念而使用到的各类技术，包括软件技术与硬件技术。具体到实践中，交互原型技术包含不同的应用方向。例如，用户体验设计经常采用交互原型技术进行产品设计，设计师可以创建与最终应用程序相似的数字原型。市场上常见的交互式原型设计工具有 Axure RP、Adobe XD、Balsamiq、InVision 等，适用于以各类 App 为代表的数字产品的原型开发。与之相对的，交互原型技术中的"物理计算（physical computing）"也有着广泛应用。物理计算是一种涵盖交互式对象和装置设计与实现的技术，它允许设计师根据其理念创造出现实世界中具体而有形的作品。在实际使用中，"物理计算"作为一个术语，最常描述手工艺术、设计或装置项目在实现过程中所需的技术。这些项目通常使用传感器和微控制器等设备联结并控制软件系统与各种硬件。市场上常见的物理计算设备有 Arduino、Raspberry Pi、Circuit Playground 等。

交互原型技术内涵丰富，本书将着重讨论"物理计算"方向下的交互原型技术。物理计算是一种可以直接作用于物理世界（physical world）的技术方法，可以从光、运动或温度传感器获取数据，并控制电机、扬声器和灯等设备。物理计算无疑是需要动手实践的，包括构建电路、焊接、编写程序、构建结构来容纳传感器和控件，还要明白构建的成果如何与人进行互动。凭借其面向物理世界的问题解决能力与创造力，物理计算式的交互原型技术有着广阔的应用领域，如教育、艺术、设计、科学研究、商业消费等，从装置艺术、交互设备到机器人制作，都能发现物理计算在其中发挥着重要作用。可以说，物理计算式的交互原型技术是一把钥匙，合理使用可以打开"面向真实世界"的设计大门，同时在可见世界与不可见世界之间搭起桥梁。

上文已经提到，市面上常见的物理计算设备已有很多种，本书选择"Arduino"作为实验与讲解对象，主要考虑以下几个方面。

■ Arduino 微控制器是低成本开源版，非常适合控制交互式电子设备。
■ Arduino功能强大且用途广泛，可提供范围广泛的配件。
■ Arduino拥有遍布全球的庞大用户社区，可提供各类在线支持（论坛、视频讲解、网站等）。
■ Arduino自带编译平台（Arduino IDE），编程语言的学习与使用较为简单方便，非常适合没有更多编程基础的学习者使用。
■ Arduino对于新手十分友好，可以帮助包括艺术家、设计师、爱好者等快速学习如何使用电子、电路及元器件等，极大降低了技术门槛。

总的来说，Arduino 是进入物理计算领域的重要工具，无论是初学者，还是已经进阶的设计者，都可以通过 Arduino 更好地实现设计理念。为了更好地引导初学者使用相关工具，本书有相对应的工具套组"InnoKit 物理交互教学实验套件（基础版）"，具体内容可以翻阅本书的第 2 章、第 3 章。

1.4 学习交互原型技术能做什么？

了解了交互原型技术的特点后，一个问题随之浮出：在学习交互原型技术后人们能做什么？其实，从上文中提及的作品 EMS equipment 就可以发现，制作交互项目需要一些"硬核技能"，如电子电气、机械工程、计算机编程等。很多艺术家和设计师选择聘请工程师，或者尝试自己研究和开发所需的技能，但通常难以取得预想的效果。这样的"技术壁垒"在 21 世纪的第一个 10 年迎来了转机，2001 年，Processing——一种开源的计算机编程语言和集成开发环境 (IDE) 发布了，为当时的电子艺术、新媒体艺术和视觉设计提供了专业化但低门槛的编程工具；2005 年，Arduino——意大利 Ivrea 交互设计学院开发的开源电子平台（微控制器）——进入市场，它是为"非工程师"人员创建的低成本、简单的平台，很大程度上降低了艺术家或设计师创作交互作品的技术难度。

时至今日，Arduino 已经成为艺术家和设计师的主要原型设计工具之一，基于 Arduino 的原型技术创作也丰富多样，不断拓宽交互作品的边界。以 Processing 和 Arduino 为代表的原型工具不仅推动了交互艺术、设计的发展，并在很大程度上推动了建筑和城市化进程。此外，还有许多类似的硬件/软件平台（如 Raspberry Pi 板、Intel Galileo Boards、BeagleBoards、openFrameworks 和 Pure Data）都为交互设计提供了很好的技术支持。这些平台拥有众多领域的用户，传统上由工程师、计算机程序员所掌握的工具和平台现在也可以供艺术家、交互设计师、教育工作者等人员使用。随着各领域用户的实践不断积累，并分享他们的代码、材料和技术，以 Arduino 为代表的交互原型技术工具发展成为一个开放的交流平台，为艺术家和设计师开辟了一个新的创造领域。

下面从技术层面回顾交互设计的发展。近几十年来，计算设备发生了翻天覆地的变化，最早出现的个人计算机，变成了智能手机，又变成了智能手表、VR 眼镜、语音助手和机器人。而人们所熟悉的交互方式，也从键盘鼠标变成了触摸屏，又变成了 VR 手柄、语音交互等。仔细分析就会发现，上述这些流行的、前沿的交互技术大部分可以还原成不同的原型模块，也就是说，我们可以通过对交互原型的学习与研究去制作原理类似的作品，甚至朝着更新的交互技术迈进。

本书选择以 Arduino 作为讲解工具，以简洁明了的方法展示如何将其应用在交互原型中，通过动手实验的方式带领大家走进交互原型技术的领域。交互原型技术作为一种强大的实践路径，可以带领人们走进更为广阔的设计世界。

融合了各项交互技术的作品精彩纷呈，时常提醒着我们创意与设计的无限可能。由 Random International 设计的交互装置《雨屋》（见图 1-4）展现了一种沉浸式的环境，里面有不断落下的水，只要检测到人体就会停下来。该装置让参观者有机会体验看似不可能的事情：控制雨水的能力。美国新媒体艺术家克里斯·缪克（Chris Milk）设计的交互作品《避难所的背叛》（见图 1-5）由三块巨大的屏幕与感应装置组成，形成一幅三联画：一个关于出生、死亡和变形的故事，观众可以用身体的投影来解锁不同的影像。著名的交互作品《木镜子》（见图 1-6）由新媒体艺术家丹尼尔·罗津（Daniel Rozin）创作，主要原理是利用计算机控制每个小木块背后的舵机及摄像头，当观众站在作品前就会以像素格的形式呈现身体形象。

图 1-4　《雨屋》（*Rain Room*），2012

图 1-5 《避难所的背叛》（*The Treachery of Sanctuary*），2011

图 1-6 《木镜子》（*Wooden Mirror*），1999

　　通过回答上述 4 个问题，读者可以大致理解交互设计、交互原型技术的概念及意义，为接下来的交互原型技术的学习做了前置准备。希望读者可以带着对上述问题的思考，在接下来的章节中不断加深思考，总结体悟。

analogWrite（ledpin，fadevalue）

第 2 　　章

Arduino
和InnoKit

void setup（）

int buttonState

2

const int

int buttonState = 0

const int buttonPin = 2;

const int ledPin = 13;

　　Arduino 是世界上最受欢迎的快速原型工具之一，其应用十分广泛，从教师、学生、设计师、建筑师、音乐家、艺术家到创客，从科研工具、交互模型、音乐设备、艺术装置到创作表达，不同的群体，多样的创意，都能在 Arduino 中找到"高效率—低成本"的实现方法与路径。强大的功能与友好的用户体验，使得 Arduino 及其平台成为学习交互设计的最佳选择之一。在此基础上，本书选择 InnoKit 物理交互教学实验套件（以下简称"InnoKit"）进行配套讲解，该套件以 Arduino 的软硬件为基础，是特别为交互原型技术的学习而设计的，非常适合初学者学习使用。

　　本章将重点介绍 Arduino 及 InnoKit 的基础知识及具体构成，带领同学们快速进入原型技术的世界，并通过完成"Blink（闪烁）"实验迈出坚实的第一步。

2.1 认识 Arduino

Arduino 诞生于意大利伊夫雷亚交互设计研究院（Interaction Design Institute Ivrea，IDII）。2003 年，来自哥伦比亚的跨学科艺术家、设计师埃尔南多·巴拉干（Hernando Barragán）在马西莫·班齐（Massimo Banzi）与凯西·瑞斯（Casey Reas）的帮助下，创建了开发平台 Wiring，并将其作为自己的硕士论文项目。早在 2001 年，凯西·瑞斯就与来自麻省理工学院（Massachusetts Institute of Technology，MIT）的本·弗莱（Ben Fry）共同创建了 Processing 开发平台，为"非工程师"人群提供一个简单、低成本的数字项目创作工具。2005 年，马西莫·班齐与来自 IDII 的学生大卫·梅里斯（David Mellis）及大卫·库蒂耶斯（David Cuartielles）对 Wiring 项目进行了扩展升级，其中增加了对 ATmega8 微控制器的支持，进而衍生出了一个新的项目，也就是 Arduino 的初始版本。

Arduino 这个名称来自意大利伊夫雷亚（Ivrea）的一家酒吧，Arduino 的几位创始人经常在那里见面，酒吧的名字取自 11 世纪意大利国王阿尔杜因（Arduin of Ivrea）。Arduino 的创始人之一马西莫·班齐将 Arduino 视为一种开源物理计算平台，用于创建独立的或与计算机上的软件协作的交互式对象，为艺术家、设计师及其他想要将物理计算融入其设计而无须首先成为电气工程师的人而设计。

Arduino 的一大特征就是其深度的开源——硬件和软件都是开源的。对初学者来说，开源可以获得丰富的信息与及时的在线支持，能够快速学习掌握交互原型技术。Arduino 可以分为软件与硬件两个部分进行学习，具体可以参考以下内容。

2.1.1 硬件家族

多年来，Arduino 发布了 100 多种硬件产品：电路板、扩展板、载体、套件和其他配件。Arduino 开发了一系列不同规格的开发板，其中经典入门型号就是 Arduino UNO R3 系列（见图 2-1）。Arduino UNO 是一款基于 ATmega328P 的微控制器板，它有 14 个数字输入 / 输出引脚（其中 6 个可用作 PWM 输出）、6 个模拟输入、一个 16 MHz 陶瓷谐振器、一个 USB 连接、一个电源插孔、一个 ICSP 接头和一个复位按钮。开发者还可以选择性能接口资源更丰富的 Mega 2560 系列（见图 2-2），以及体积小巧的 Nano 系列（见图 2-3）。而 Arduino Yun 可以支持开发网络相关的应用。此外，Arduino 还有很多官方、非官方的不同型号，开发者可以根据自己的需要选择最适合自己的开发板。

微控制器：
作为控制目的的单片微型计算机常被称为"单片机"，国际上通称为"微控制器"（MicrocontrollerUnit，MCU）。单片微型计算机（Single Chip Micro-Computer，SCMP）将微型计算机的主要组成部件：CPU、存储器 (ROM/RAM)、输入输出 (I/O) 接口等集成在一块芯片上，是一种不需要操作系统的简单的嵌入式系统。目前，微控制器除了 CPU、存储器和 I/O，还包含有 A/D 转换器、D/A 转换器、高速 I/O 接口、PCA、PWM 等丰富的外围电路，以及与外部通信或电路扩展的串行总线与接口模块等。

开发板：
开发板一般由嵌入式系统开发者根据开发需求自己订制，也可由用户自行研究设计，部分开发板也提供基础集成开发环境、软件源代码和硬件原理图等。

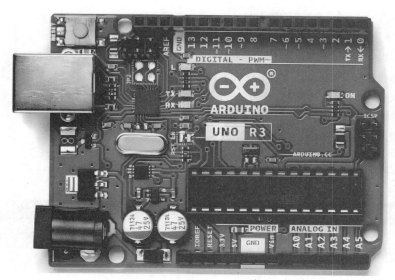

图 2-1　Arduino Uno Rev3 开发板

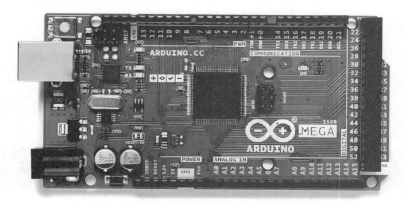

图 2-2　Arduino Mega 2560 Rev3 开发板

图 2-3　Arduino Nano 开发板

2.1.2 软件安装

在 Arduino 官方网站的下载页面可以获得不同版本的 Arduino IDE 程序，请注意选择与操作系统（Windows、IOS 或 Linux）兼容的软件版本。文件下载完成后，就可以解压缩文件并进行安装，程序可以放置在想要的路径或默认路径下。程序安装后会生成一个名为"Arduino"的文件夹，里面包含可执行文件和其他文件，双击程序文件就会启动程序主窗口（见图 2-4）。

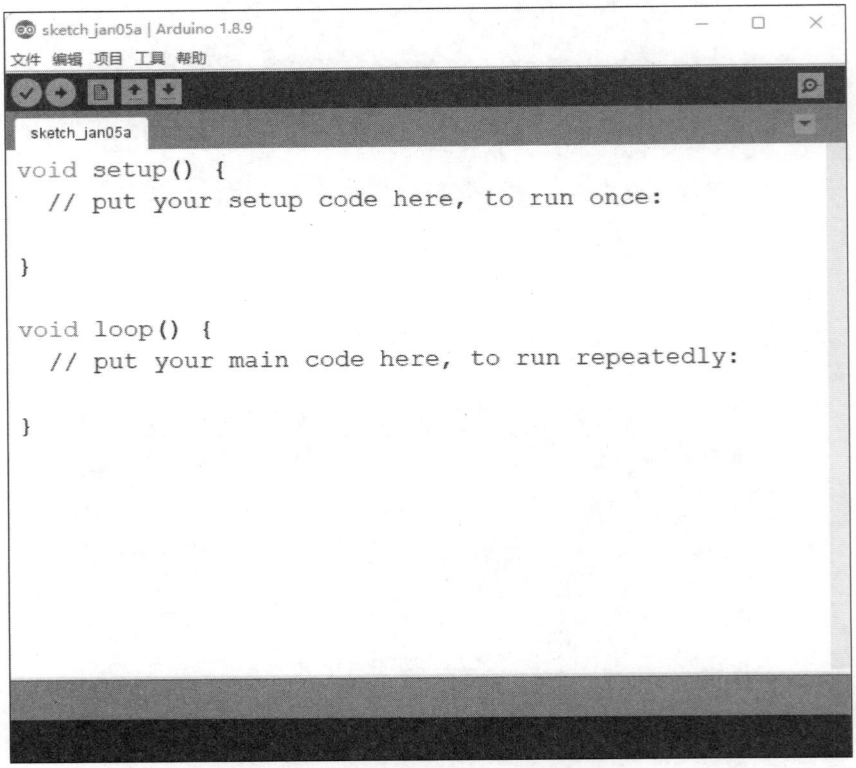

图 2-4　Arduino IDE 启动界面

前面已经根据指导安装了 Arduino IDE，那么它是做什么用的呢？ Arduino IDE 的全称为 Arduino 集成开发环境（Arduino Integrated Development Environment），它包含用于编写代码的文本编辑器、消息区域、文本控制台、带有常用功能按钮的工具栏和一系列菜单。 Arduino IDE 的功能就是通过程序与已连接的 Arduino 硬件进行通信。使用 Arduino IDE 编写的程序称为 sketches，并以文件扩展名 .ino 保存。

Arduino IDE 编辑器常用的功能如下。

■ 剪切/粘贴和查找/替换文本。
■ 消息区在保存和导出时给出反馈，显示错误。
■ 控制台显示 Arduino 软件 (IDE) 输出的文本，包括完整的错误消息和其他信息。
■ 窗口的右下角显示配置的板和串口。
■ 工具栏按钮允许验证和上传程序，创建、打开和保存草图，以及打开串行监视器。

更加详细的介绍可以前往 Arduino IDE 官方文档中查看。

2.2　认识 InnoKit

　　InnoKit 为初步探索电子和编程空间的创客而设计，是一套学习交互原型技术的工具套件（见图 2-5）。该套件包含传感器和执行器等基本模块，可以有效简化学习者连接及编程的难度，进而快速掌握交互原型技术，掌握物理计算的核心。

　　InnoKit 套件中包含了本书实验中所需要的各种电子元件，如杜邦线、电阻 USB 电源、面包板等，还包含光线、温度等传感器，以及 LED 模块、蜂鸣器等执行器，学习 Ardunio 所需要的基本器件均已包含在其中。

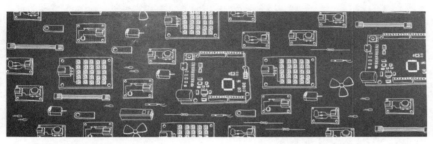

图 2-5　InnoKit 物理交互教学实验套件（基础版）

　　如图 2-6 和图 2-7 所示，InnoKit 包含一块控制扩展板，扩展板可以直接插在对应的 Arduino 开发板上，通过扩展板的 Arduino Sensor Shield 接口，套件中的各种传感器、执行器可以方便地通过三排线与 Arduino 相连，免去一些接线的不便。但是请注意接线时的正负极及信号线的正反顺序。一些模拟接口传感器也可以直接侧插在扩展板上。套件中还有一块面包板，在连接、调试时可以帮助简化连线，更多信息可以在"InnoKit 套件所含电子元件及功能简介"表格中查阅（见表 2-1）。

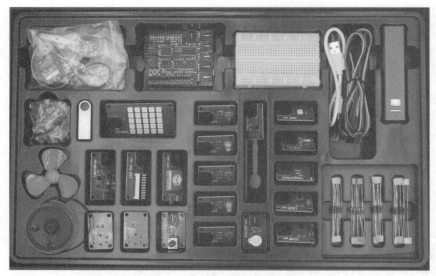

图 2-6　InnoKit 套件中所含的各类元件

图 2-7　InnoKit 套件中的控制扩展板

表 2-1　InnoKit 套件所含电子元件及功能简介

名　　称	图　　片	功　能　概　述
控制器扩展板		扩展 Arduino 开发板的接口,方便电子元件接线
面包板		专为电子电路的无焊接实验设计制造的。各种电子元器件可根据需要随意插入或拔出,免去了焊接,节省了电路的组装时间,而且元件可以重复使用,所以非常适合电子电路的组装、调试和训练
杜邦线		可用于实验板的引脚扩展、增加实验项目等,能够非常牢靠地与插针连接,无须焊接,便于快速进行电路试验
电源		为 Arduino 开发板及电路供电
电阻		电路元件
LED		基本 LED 元件
LED 模块		集成了 LED 控制的模块。可以控制 LED 亮度、颜色等
LED Bar 模块		LED 阵列
扇叶		可装配在直流电机上的塑料扇叶,与其一起组成风扇执行器
喇叭		播放声音

续表

名　称	图　片	功能概述
舵机		简单的伺服控制电机，可以方便地控制电机角度
直流电机驱动器		用于驱动直流电机
MP3 播放模块		用于控制歌曲播放的模块，与喇叭配合使用
蜂鸣器模块		包含一个蜂鸣器元件及驱动器，可以方便地控制蜂鸣器开闭，以及时间、音量等
按钮模块		用于给电路增加开关控制
电位器模块		用于给电路增加一个旋钮控制
压力传感器模块		将压力大小模拟量转换为电压高低反馈给开发板
倾斜传感器模块		将模块是否处于倾斜状态转换为数字信号反馈给开发板
光线传感器模块		将环境光强大小模拟量转换为电压高低反馈给开发板
磁力传感器模块		将环境中的磁力模拟量转换为电压高低反馈给开发板
温度传感器模块		将环境温度高低模拟量转换为电压高低反馈给开发板

2.3 第一个交互原型

在本节中，读者将动手完成第一个实验——Blink。Blink 实验可以说是学习交互原型技术的经典入门实验，操作较为简单，主要目的是通过实验对 Arduino 及 InnoKit 的基本操作进行了解。

Blink 实验只需要用到 InnoKit 套件中的 Arduino 主板与数据线，借助这个实验，将完成 Arduino 开发环境的配置，并体验基于 Arduino 的交互原型开发流程。具体操作流程如下。

（1）使用数据线将 Arduino 开发板与计算机连接。

（2）打开计算机中的 Arduino IDE 并运行，在工具选项中选择对应的 Arduino 型号及 Arduino 对应的端口序号（Serial Port）（见图 2-8 和图 2-9）。

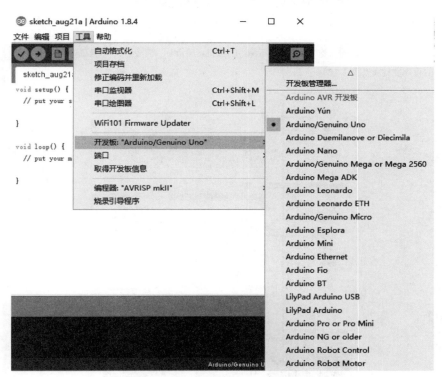

图 2-8　选择 Arduino 型号

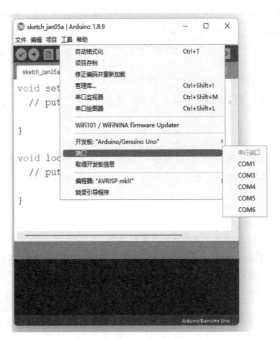

图 2-9　选择 Arduino 对应的端口序号（Serial Port）

（3）基于本例程，选择"文件 / 示例 /01.Basic/Blink"命令，即可加载本实验所需要的程序文件（见图 2-10）。

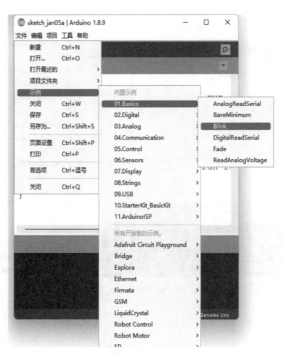

图 2-10　选择"文件 / 示例 /01.Basic/Blink"命令

大多数 Arduino 的开发板上都有一个可以控制的板载 LED。 在 Leonardo、UNO、MEGA 和 ZERO 等型号的 Arduino 开发板上，板载 LED 连接到数字引脚 13，在 MKR1000 型号里连接到引脚 6。但无论何种型号，都需将 LED_BUILTIN 设置为正确的 LED 引脚号（见代码 2-1）。

```
/*
  Blink
  This example code is in the public domain.
  http://www.arduino.cc/en/Tutorial/Blink
*/
// the setup function runs once when you press reset or power the board
void setup() {
  // initialize digital pin LED_BUILTIN as an output.
  pinMode(LED_BUILTIN, OUTPUT);
}

// the loop function runs over and over again forever
void loop() {
  digitalWrite(LED_BUILTIN, HIGH);  // turn the LED on (HIGH is the voltage level)
  delay(1000);                      // wait for a second
  digitalWrite(LED_BUILTIN, LOW);   // turn the LED off by making the voltage LOW
  delay(1000);                      // wait for a second
```

代码 2-1

(1) 点击 ✓ 编译程序，编译成功后点击 ➡，即可将程序上传至 Arduino 开发板。

(2) 检查与调试。观察位于开发板左侧的 LED 阵列中名为 L 的板载 LED，出现闪烁则代表程序运行成功。

本章小结

本章学习了 Arduino 的基本知识并认识了一套基本组件，完成了第一个交互原型实验。接下来，尝试回忆一下本章的知识点，看看是否已经掌握。

■ 了解Arduino的三重含义：它既指代Arduino硬件开发板，又指代为开发板编写程序的Arduino IDE，还指代用Arduino进行创作的创客社区。

■ Arduino开发板针对不同的开发场景，有不同的型号，如Uno、Mega、Nano、Yun等，它们的微控制器和集成的外围接口都有差异，可按需求选择。

■ InnoKit是为初学者准备的一组学习套件，包含开发板、入门级传感器及执行器等元件。

■ 在Blink实验中，传感器接收信号，并将输入信号经由主板处理后，输出至执行信号的驱动执行器，这就是典型的互动原型的互动流程。

■ Arduino与计算机通过USB数据线连接，连接后可以使用计算机上的Arduino IDE向开发板上传程序。只要Arduino处于正确状态，它就会持续执行主板中烧录的程序。

analogWrite （ledpin，fadevalue）

第 3　　章

初探制作流程

void setup （）

int buttonState

3

const int

int buttonState = 0

const int buttonPin = 2;

const int ledPin = 13;

　　学习交互原型技术是一个在动手中学习的过程，本章将带领读者从复现案例开始，在实践中理解软硬件的功能和逻辑。在复现过程中，读者要在理解案例的基础上进行实操，而非单纯地按照图纸按部就班。本章以制作流程为顺序，对原型相关的基础知识和逻辑进行讲解说明，为后续实践中读者对案例的理解与分析打下基础。除了基本的流程讲解，本章还将一些知识点总结囊括其中，方便读者在复现后续案例的过程中查找使用。

3.1 找到目标/图纸

在学习交互原型技术的入门阶段，从"复现"开头是一个很好的选择，包括本书在内的教学案例，通常都有一个完整的流程讲解，其中包括硬件图示、示例代码和原理讲解等，把这些案例循序渐进地展现出来的过程便是"复现"。如果遇到没有过程讲解的案例，或是按自己的想法来制作原型的话，可以先拆解该原型的功能，搜索能实现每个功能的方法，找到有过程讲解的，成功复现单个功能后再将各部分组合起来。

如表 3-1 所示，可以尝试回答表格中的问题来分析和拆解原型的功能。

表 3-1　原型分析和拆解的问题清单

问　　题	回答(例)	硬件模块(例)
1. 原型对什么做出反应?	人的行为 环境变化	
2. 如何让原型探测到人或环境的变化?	人的位置可以转化为与物体间的距离	红外/超声距离传感
	人的手势可以转化为物体的角度和加速度	加速度计/陀螺仪
	时间的变化可以转化为室外光线变化	光线传感器
3. 原型根据反应做出什么行为?	灯的亮度、动态、颜色等	LED
	声音的大小、内容等	扬声器
	物理移动、旋转、开合等	舵机/机械结构

利用问题清单对原型进行拆解分析，便可按细分功能查找实例，基本上均可发现可参考的例子。如果目前实例已有详细制作过程、接线图和代码示例，则可直接再现。如果对目前实例的描述不够细致，则需自行理解参考实例所用传感器、显示器或者驱动器种类，查找其接线图及实例代码，并进行修改。总之，要做出一个交互原型，首先要对交互原型的实现逻辑进行分析，寻找出实现交互功能需要的功能模块，以及硬件接线图和代码。

3.2 硬件搭建

有了硬件的接线图和软件的示例代码，下一步就是按照接线图连接硬件，并在接好线后运行示例代码。

3.2.1 硬件接线

Arduino 与硬件模块可以直接连接到引脚或连接到电路中。在搜集材料时，会找到不同类型的接线图，如图 3-1 所示，此类接线图把元件用具象化的方法画出来，一目了然。
如图 3-2 所示，此类电路图以抽象符号来代表元件，简单明了且容易绘制，但是实际接线
时又需要将元件之间的连接关系进行再次转换。

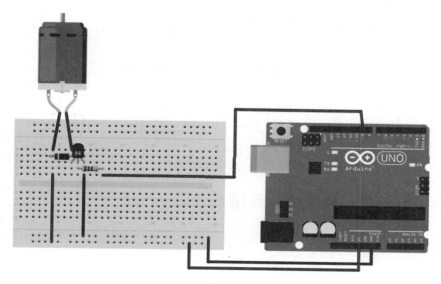

图 3-1　接线图示例

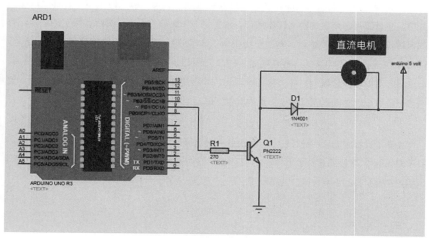

图 3-2　电路图示例

　　下面介绍一些常用的电路符号（见图 3-3），帮助读者理解抽象样式的电路图。
Arduino 通过 USB 接口和计算机相连，并通过串口的形式和计算机通信。

USB接口与串口：
USB全称为通用串行总线，是一种高速串行通信接口。PC虽然通过它与开发板相连，但它并不是串口，在开发板上嵌入了USB接口转串口的模块。

串口是指一种按位传输的通信协议，包括协议层和物理层。协议层是指软件层面的定义，包括发包方式等。物理层定义了硬件的电气接口，如RS232标准串口、TTL电平串口等。实现串口收发的逻辑电路被称为UART（Universal Asynchronous Receiver/Transmitter），有该电路的模块便具有串口通信能力。有串口功能的模块接入PC后，在Windows的设备管理器中能看到多出一个"COM"口。Arduino的串口是TTL电平标准，UART内置于板载MCU中，除了通过USB接口，也可以通过RX/TX引脚直接与其他计算设备进行串口通信。

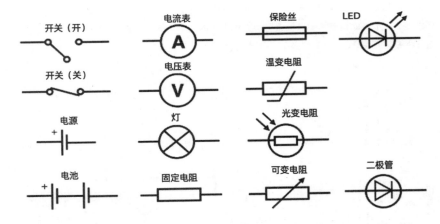

图 3-3　常用的电路符号

3.2.2　理解针脚与接线

为了真正掌握原型制作的方法，必须认识和学习一些接线的基本知识，以此为出发点来认识接线原理。

开发板 I/O

开发板是交互原型的大脑，它可以接收并发送来自其他模块的数据；针脚是数据出入口，也就是通常所说的输入输出接口，缩写为 I/O 端口。每个针脚都有特定的功能，有的负责接收，有的负责发送，有的负责供电；传输信号类型又分为数字信号与模拟信号。简单而言，数字信号就是只有 0 或者 1 的二元逻辑值；而模拟信号具有连续值的特点，Arduino 可以将其理解为对模拟接口检测出的电压值进行分析。在此基础上，Arduino 支持部分集成电路之间的通信协议，其中就包括串口通信、I2C 通信、SPI 通信等。

Arduino 板表面有字符标注（见图 3-4），指出每个针脚名称及主要作用，此外有些作用并不写入板中，需找到管脚图（pinout diagram）方能得知。下面以 Arduino Leonardo 为例，说明控制板引脚的主要种类、性质及使用方法（见表 3-2）。

电子模块

电子模块是具有特定功能的集成电路板，其中大部分可直接与控制板相连，以达到传感及驱动功能。本书将在以后各章循序渐进地讲解 InnoKit 中的各类模块。

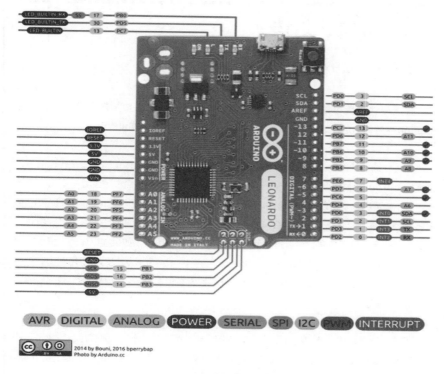

图 3-4　Arduino 板表面的标记字符

表 3-2　Arduino 引脚名称与功能

功　能	引　脚　名	功　能　解　释
供电	5V	向外部输出 5 伏电压
	3.3V	向外部输出 3.3 伏电压
	Vin	由外部向 Arduino 供电，范围（7 ～ 12V）
接地	GND	电源负极，零线
数字信号 IO	n（n= 2 ～ 13）	数字信号输入输出，取值为 0 或 1，代表高低电平
	~n（n = 3,5,6,9,10,11,13）	支持 PWM 输出的数字信号口
LED 数字信号输出	13	控制板载 LED 的亮灭
模拟输入	An（n = 0 ～ 5）	模拟信号输入口，取值范围（0 ～ 1024）

电子元件

　　电子元件是电路中最基本的部分，主要有电阻、电容、二极管和三极管等常见的部件。
Arduino 在布线时，有时与电子模块相配合。

3.3 软件上传

3.3.1 软件编译与上传

接上硬件之后可以把代码上传到 Arduino 中，如果代码按照自己想要的方式在 Arduino 中运行的话，则说明交互原型中的一些功能已经得到了初步实现。

上传代码要注意两点，一是Arduino的型号与串口号是否选择正确，二是代码能否正常编译。Arduino的型号在"工具→开发板"菜单中选择，而串口在"工具→端口"中选择，若不知道哪一个串口代表了Arduino，可以在设备管理器中查看，也可以拔插Arduino 与PC的连接线，观察哪个串口号会先消失再出现。工具栏左上角的"小勾"是编译按钮，在上传前先单击编译按钮，可以排除代码中的语法及引用错误。如果在编译他人提供的示例代码时报错，其中较大的可能性是引用错误，即本地没有安装该代码中引用的库。引用错误的解决方式是在"项目→加载库→管理库"或者在搜索引擎中搜索并下载缺少的库，然后进行安装。

但是，很多时候上传成功并不等于代码必须按照预期进行操作，尤其是当脱离了示例代码而独立编写程序的时候。此时就要进入调试阶段了，要一步一个脚印地使代码步入正轨，在这之前，首先要了解代码的基本知识，会读代码。

3.3.2 理解代码

Sketch 文件基本结构

Sketch 文件是指 Arduino 代码文件，Arduino 语言是以 C 语言为基础的，比较容易学习。新建一个 Sketch 文件后，就会看到其包含 setup 和 loop 两部分（见代码 3-1），这是 Arduino 中最基础的两个函数。setup 中的内容在 Arduino 上电启动的时候执行一次，loop 中的内容则无限循环执行。这代表了 Arduino 的运行逻辑，通常将初始化的内容写到 setup 中，将持续运行的交互行为放到 loop 中。

```
void setup(){

}
void loop(){

}
```

代码 3-1

有些内容不能写在函数中，如库引用、宏声明等，一般写在 setup 的上方。如果一个程序需要引用库，那么可以用 #include 语句作为程序的第一条可执行语句。声明宏指 #define 语句，该语句后面以空格分割标识符和宏体，声明后可以在后续代码中使用标识符代替宏体。例如，定义一个名为 PI 的宏，之后在代码中使用 PI 时，代码便会认为 PI 代表的是 3.141592654535897 这个数值（见代码 3-2）。请注意，二者的语法特点均为句末无分号。

```
#include <xxx.h> //引用
#define PI 3.141592654535897//声明宏

void setup(){

}
void loop(){

}
```

代码 3-2

数据类型

如表 3-3 所示，Arduino 中常用的原始数据类型有整型（int）、浮点型（float）、字符型（char）和布尔型（bool）。当然，其他一些数据类型包括长整型（long）、字节（byte）等也可以在 Arduino 中使用，本文暂不详述。

表 3-3　常见的数据类型

类型	示 例 值	解 释
int	±1,2,3,...,32767	整数类型
float	±3.1415926...	浮点数类型，即有小数点的数字类型
char	'a','b',...'z','_','%'...'0',...'9'	字符型，字母、特殊符号及数字都可以加上双引号作为字符。字符与数值之间的对应关系通过 ASCII 表定义
bool	true, false	布尔型，仅有真 / 假两个值

变量声明、定义与作用域

在程序中需要为变量或常量命名，这些名称统一称为"标识符"，通常由字母和数字构成。可以通过声明指定变量的名称和数据类型，但声明并不为变量分配存储空间。而定义能够为变量分配相应的存储空间，并将其与标识符联系起来。

可以先声明后定义，也可以在声明的同时定义，声明后便可以用该名称指代数据进行操作。等号" = "在编程中被称为赋值符，作用是将等号右侧的数值赋给左侧的名称。赋值一定要在变量名被声明之后。变量中的值是可变的，所以可在程序中被多次赋值（见代码 3-3）。

```
type variable_name <, variable_name2,...>; //声明
例:int a_number;
   float b_float;
   char c_char,d_char,e_char;
type variable_name = value <, variable_name2 = value>; //定义
例:int a = 9;
   float b = 1.5, d = 2.2;
   char c = 'a', e='a', f='1';
```

代码 3-3

而常量是恒常不变的量，在定义后不能修改。其定义方式是在数据类型前加上 const，如：

```
const int a = 9;
```

ASCII:
ASCII是由英国著名的电子工业公司ASCII开发并发布的一种标准编程语言。它可以用于编写数字系统中各种复杂的、有严格意义的程序，也可在不同领域进行应用编程和程序设计，是世界上最流行的通用编程语言之一。

ASCII定义了符号的二进制表达，从字符型到整型之间的数据类型可以相互转化，如果在调试程序时遇到输入1获得49的情况，可以考虑输入的是字符1而不是数值1。

变量名/常量名的约束:
1.不能以数字开头
2.不能与关键字重合
3.相同的变量名要考虑作用域

变量是有作用域的，也就是指在程序中定义变量的位置不同，该变量的有效使用范围也不同，根据作用域可将变量分为全局变量和局部变量。以初始 Sketch 为例，在 setup 中、loop 中、setup 和 loop 之外 3 个位置定义变量：在 setup 和 loop 中的变量只能分别在该范围内使用，这就是局部变量（见代码 3-4）；在 setup 和 loop 之外的变量则是全局变量，可以在定义之后的整个程序范围内使用，通常将全局变量写在 setup 上方，头文件引用（#include）和宏声明（#define）之后。

```
int global = 13;

void setup(){
    int local_a = 1;              //local_a只能在setup中使用
    global = local_a + 1;         //全局变量可以在定义之后的所有地方使用
}

void loop(){
    int local_b = 0;              //local_b只能在loop中使用
    global = local_b + global;    //全局变量可以在定义之后的所有地方使用
}
```

代码 3-4

数组

原始数据类型不仅可以定义单个值，还可以定义一组相同类型数值的顺序集合，即数组（见代码 3-5）。在变量名后加上方括号 [ ] 来定义数组。若在定义时不赋值，则需要在方括号中写入数字表示数组长度；若在定义时赋值，则在大括号 { } 中直接输入要存储的数值。数组是有顺序且长度固定的集合，每个值可以通过它在数组中的第几位来读取，值得注意的是，数组编号是从 0 开始的，所以要取得数组中的第一个值，需写成 array[0]。

```
type variable_name[length];
    int a_number[3];
    float b_float[2];
    char c_char[4];
type variable_name[] = {value <,...value>};
    int a[] = {9,10,28};
    float b[] = {1.5,2.0};
    char c = {'a','1','8','n'};
```

代码 3-5

Arduino 中为了便于操作字符数组，提供了特殊的字符串类型，用 String 定义。该类型在字符数组的基础上能更简单地对数组进行分割、比较、新增、移除等操作。

运算符

常用的运算有算术运算（见表 3-4）、逻辑运算（见表 3-5）和关系运算（见表 3-6），数字运算是指人们熟悉的加减乘除，逻辑运算是指与、或、非，关系运算是指对比判断。

表 3-4　算术运算符

运　算　符	例　　子	描　　述
+、-、*、/、%	1+1	加减乘除模，模即取余数
+=、-=、*=、/=、%=	a+=2	左 = 右加左，是 a=2+a 的简写。以此类推
++、--	a++	左加 1，与 a+=1 相同结果。返回 a 的值之前先使 a 加 1
	--a	返回 a 的值之前先使 a 减 1

表 3-5　逻辑运算符

运　算　符	例　　子	描　　述
&&	0 && 1	逻辑和，当左右皆为 1 时为 1，否则为 0
||	0 || 1	逻辑或，左右皆为 0 时为 0，否则为 1
!	!0	逻辑非。非 0 为 1，否则为 0

表 3-6　关系运算符

运　算　符	例　　子	描　　述
>、<、>=、<=	a > b	判断左是否大于右，若大于则得到 1，若小于则得到 0；以此类推
==、!=	a == b	判断左是否等于右

判断及循环

判断及循环是控制程序运行逻辑的结构，在从上往下逐条执行语句的基础上，判断可以根据条件让程序选择性地执行代码块，循环可以让程序在满足某个条件时重复执行代码块（见图 3-5）。

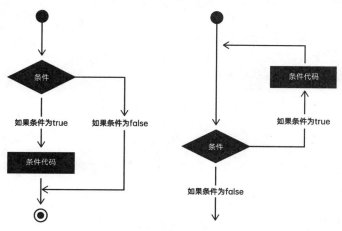

图 3-5　判断语句的工作原理示意

Arduino 中有 if 和 switch 两种判断语句、for 和 while 两种循环语句的写法。

if 判断括号中的条件是否为真，若为真则执行 if 大括号中的语句，若为假则继续往下执行。往下若碰到的是 else，则执行 else 大括号中的语句；若碰到的是 else if，则继续判断 else if 的条件是否为真。if 语句可通过 else if 判断多个条件，对数量不做限制（见代码 3-6）。

```
if (condition){
    //statement1
}else{
    //statement2
}
--------------------
if (condition){
    //statement1
}else if(condition2){
    //statement2
}//...
else if(condition_n){
    //statement_n
}else{
    //statement3_n+1
}
```

代码 3-6

switch 判断括号中的变量值是否与 case 中的某个值相等。若相等则执行该 case 中的语句，执行到该 case 的最后一条语句若没有 break，则继续执行下一个 case 中的语句，直到结束或有 break 跳出 case 为止（见代码 3-7）。

```
switch(variable){
    case val1:
        //statement1
    case val2:
        //statement2
        break;
    case val3:
        //statement3
        break;
}
```

代码 3-7

for 循环的括号中以分号为间隔，通过一个变量的初始值、循环条件、每次循环后变量的计算规则，定义了循环次数，在循环条件为假前会不断重复大括号中的代码（见代码 3-8）。

```
for(start_number;loop_condition;step){
    //loop
}
//例:
for(int i = 0; i< 6; i++){
    //loop
}
```

代码 3-8

while 循环的括号中仅有循环条件，若不在大括号中操作条件中的变量，则会陷入无限循环（见代码 3-9）。

```
while(loop_condition){
    //loop
}
//例:
int i = 0;
while(i<6){
    //loop
    i++;
}
```

代码 3-9

函数

函数可以理解为一段有特定功能，被单独摘出的代码块。该代码块可以通过函数名在程序中被重复使用。主程序可以向函数中输入原始数据，经函数计算后，从函数的返回值得到结果数据。

声明函数也需要指定数据类型，这个数据类型指函数返回值的数据类型，同样写在最左边。在函数名后面要加上括号，括号内可声明参数，也就是输入值。声明时可以先不写函数内的计算过程，像列代码中第 2 行的写法"return_type function_name(type parameter)；"。但 Arduino 中更常见的写法是在声明函数的同时定义，也就是说直接完成函数主体。

定义函数时，注意返回值一定要与函数类型相符，若无返回值，可将函数定义为 void 类型（见代码 3-10）。参数的数据类型和数量不限，但作用域仅在函数内部。

```
//声明
return_type function_name(type parameter);
//定义
return_type function_name(type parameter){
    //body
    return return_type_value
}
//例
int max(int a, int b){
    int max_value;

    if(a>b)
        max_value = a;
    else
        max_value = b;

    return max_value;
}
```

代码 3-10

需要使用定义好的函数来完成主程序中的任务时，仅需写出函数名并传入正确数据类型的参数即可，该过程为函数调用。调用函数要注意，是需要该函数执行一次，还是需要在主程序中使用该函数的返回值。若要使用返回值，应将函数结果赋值给主程序中的变量（见代码 3-11）。

```
void setup{
    max(1,4);
}
void loop{
    int max_num = max(2,3);
}

int max(int a, int b){
    //同上
    return max_value;
}
```

代码 3-11

33

3.4　调试

当代码上传成功后，但原型并没有按预想工作时，需要一步步排查问题原因，然后找到修正的方法，这个过程就是调试。

交互原型由软硬件共同组成一个完整的系统，硬件（接线错误、线路接触不良、元件损坏）及软件（代码逻辑错误）的任意环节出错都会导致原型以意料之外的方式运行。首先要确保线路连接的正确性，然后使用串口监视器检查关键的变量值是否正常，大多数问题都能在这一步排查出来。若串口监视器检查到的软件运行一切正常，但原型还有异常举动，那么可能涉及电压稳定性、针脚的使用规则、元件更底层的硬件特性等进阶知识。这 3 个步骤将在下面分别详述。

3.4.1　线路检查

首先确认线路是否按照参考图的示意连接的，避免出现针脚（PWM 针脚、数字还是模拟输入）、电源（正负极、电压）、元件方向（二极管）的错误。然后确保接触良好，可用万用表进行通断检测，也可使用下一小节的方法，通过串口调试检查传感器读数。

3.4.2　"断点"调试

软件一旦开始运行，就会按照代码逻辑进行运算，对关键变量的运算和赋值决定了最终的运行结果。排查软件问题就是要跟随运行逻辑，查看变量的数值在哪一步出了错，出了什么错，应该如何修正。在软件运行过程中查看内部变量数值的方法，就是在相应语句设置"断点"。在嵌入式以外的主机编程中，设置断点可以暂停运行中的程序，让程序员在编译器中查看各变量在该时刻的具体数值。而在 Arduino 这样的嵌入式编程中，代码已经被上传至硬件运行，不能在编译器中实时设置断点让程序暂停，只能通过上传写入了调试语句的代码，通过串口通信查看调试代码发送的变量值，起到类似断点的效果。调试语句的写入位置与断点插入的位置相同，都在要查看的关键语句前后。

通过串口调试，首先要在 Sketch 的 setup 函数中使用 Serial.begin(baud rate) 语句打开串口，这样进行串口通信的调试语句才能生效。调试语句的核心是 Serial.print( ) 函数或 Serial.println( ) 函数，它们的功能都是将括号内的值发送到串口，区别在于 println( ) 函数会在句尾加上一个换行符。可以将想查看的变量名直接写到括号内，这样便能在主机端看到变量在程序运行过程中的值。若同时查看多个变量，可以在括号内加入字符串，将变量名和值一起发送到串口，以区分不同变量值。更多 print 语句的用法参见代码 3-12。

```
Serial.print(val);
Serial.println(val);
//val可为变量、常量或数值,print函数会将变量值或常量以字符串的形式输出到串口,下面通过官网
示例展示val值和函数输出的对应关系
Serial.print(78); //串口输出 "78"
Serial.print(1.23456); //串口输出 "1.23"
Serial.print('N'); //串口输出 "N"
Serial.print("Hello world."); //串口输出 "Hello world."

int a = 78;
Serial.print(a); //串口输出 "78"

Serial.print(val, format);
Serial.println(val, format);
//当val为整型或浮点型时,format 可以指定输出数值的格式。
//整型的format规定以二进制(BIN)、八进制(OCT)、十进制(DEC)或十六进制(HEX)的方式输
出val
Serial.print(78, BIN); //串口输出 "1001110"
Serial.print(78, DEC); //串口输出 "78"
Serial.print(78, HEX); //串口输出 "4E"
//浮点型的format规定输出的小数点位数
Serial.print(1.23456, 0); //串口输出 "1"
Serial.print(1.23456, 2); //串口输出 "1.23"
Serial.print(1.23456, 4); //串口输出 "1.2346"
```

代码 3-12

实验3-1：Hello World

    这是本书的第一个实验,也是我们踏入交互原型世界的开端。在这个实验中,读者将会使用"Hello World"字符串首次与 Arduino 通过串口交流,并学习完整的连接、编写代码、编译上传、串口调试流程。本实验的目标是让 Arduino 按照我们给出的时间间隔递增计数,并在串口监视器显示"Hello World"和计数结果。同时,将看到如何在串口监视器中实时监控 Arduino,看到它通过串口向计算机每秒发送一次"Hello World",并打出发送次数。

A. 实验流程

    将 Arduino 通过 USB 线与计算机相连,在编译器中打开示例代码,并且编译上传(见代码 3-13)。

```
int count = 0;
int delay_time = 1000;

void setup() {
    Serial.begin(9600); //设置串口波特率为9600 bps
}

void loop() {
    Serial.print("Hello World");
    Serial.println(count);
    delay(delay_time);
    count +=1;
}
```

代码 3-13

常见漏洞总结：
本章介绍了交互原型的制作流程,也是包括本书实验在内的案例复现流程。在此将整个流程中初学者容易遇到的问题做个总结,并指明常见原因和解决方法。

编译失败：单击编译按钮后编译器报错,会在底部对话框中显示详细错误信息,并在界面上方出现的红条中显示简要错误信息。

语法错误：代码语法错误会导致编译失败,初学者常见的语法错误包括句尾未加分号,前括号和后括号数量不对称,使用全角字符。出现语法错误时,基于报错信息仔细查看代码,补完缺少的分号或括号,将全角字符替换为半角字符即可。

库文件引用错误：库文件报错通常是编译器找不到代码中引用的库文件,可能是库文件没有安装,或者有多个版本的库文件相冲突。这时,需要找到自己安装库文件的文件夹,检查里面有没有本次使用的库文件,若没有则需要先下载安装,若有多个则删掉多余的只留下一个。

上传失败：单击上传按钮后编译器报错,同样会在底部对话框和顶部横条显示错误信息。上传失败的常见原因为未选择端口或开发板,或者选择了错误的端口或开发板。在工具菜单中重新选择当前开发板对应的端口和型号即可。

常见串口通信问题：
串口监视器显示乱码：串口监视器的波特率与代码中设置的波特率不同,在串口监视器中重新选择波特率即可。

串口监视器输入的数字与硬件读到的不同：串口监视器以字符形式发送了数字,所以硬件输出的读数为数字的ASCII码,在串口监视器选择不添加后缀的输入方式,或者修改代码中读取串口输入的方法。

常见代码逻辑漏洞：代码逻辑漏洞不会触发编译器报错,但会使运行出错,这也是调试中排查的主要问题。此处仅列出几个教学过程中遇到的常见错误。

用整型接受浮点型数值的赋值,这会直接切掉小数点后面的数值,导致依赖小数变化的后续操作全部失效。反映在原型的表现上可能是原型毫无动静。

B. 实验解读

这是本书中第一个程序，也是最简单的一个程序，Arduino 没有与任何硬件模块相连。下面一起来分析这个实验，帮助读者掌握（见代码 3-14）。

```
//声明定义变量
int count = 0;              //计数器
int delay_time = 1000;      //延迟时间
```

代码 3-14

本程序不需要引用头文件，所以在程序的开头仅有对相关变量的声明与定义。count 变量作为一个计数器，用来记录 Arduino 向串口发送信息的次数。delay_time 变量为延迟时间，决定每多少毫秒发送一次信息，此处为 1000ms，也就是每秒会发送一次信息（见代码 3-15）。

```
void setup() {
    Serial.begin(9600); //打开串口，设置串口波特率为9600 bps
}
```

代码 3-15

接下来是 void setup() 函数，这个函数中的内容只会运行一次，一般用于初始化设置。此处仅有一句打开串口通信的指令，波特率设置为 9600。

最后是 void loop() 函数，这个函数中的内容会反复循环运行，一般作为实现程序核心功能的主体。如代码 3-16 所示，本程序的主体功能是按一定时间间隔向串口发送字符串，所以使用 Serial.print() 函数来发送信息，delay() 函数通过延迟来控制间隔时间。每次在 loop() 函数的最后会让计数器加 1 来记录发送了几次"Hello World"。

```
//循环执行
void loop() {
    Serial.print("Hello World");
    Serial.println(count);      //发送字符串
    delay(delay_time);          //发送后程序停止delay_time毫秒
    count +=1;                  //计数器加一
}
```

代码 3-16

掌握 Serial.begin(speed) 和 Serial.println(val) 便可满足大多数调试需求。当然，还有很多串口通信函数（见表 3-7）可以实现更高级的功能，供学有余力的读者试验、自学。

表 3-7　各类串口通信函数

Serial.begin(9600)	开启通信接口并设置通信波特率	Serial.println( )	打印字符串数据（换行）到串口
Serial.end( )	关闭通信串口	Serial.print( )	打印字符串数据到串口
Serial.avalable( )	判断串口缓冲器是否有数据装入	Serial.read( )	读取串口数据
Serial.write( )	写入二进制数据到串口	Serial.flush( )	清空串口缓存
Serial.readString( )	获取缓存区所有数据到一个字符串变量	Serial.parseInt( )	从串口中读取第一个有效整数
Serial.find( )	在串口中寻找目标字符	Serial.parseFloat( )	从串口中读取第一个有效浮点数
Serial.SerialEvent( )	串口数据准备好时，触发的事件函数	Serial.readBytes(buffer, length)	读取固定长度的二进制流

　　希望通过本实验可以让读者初步掌握串口监视器的使用方法。本章一次性抛出了很多知识点，内容较为繁杂，可能读者会有很多疑问。不必着急，本书将在接下来的课程中带着读者循序渐进地学习，一步步深入掌握本章内容。

本章小结

　　本章学习了原型的完整制作流程及软硬件基础知识。接下来，尝试回忆一下本章的知识点，看看是否已经掌握。

■ 确定目标并找到图纸、硬件搭建、软件上传、调试，这是制作交互原型的基本流程。本书的实验提供了入门所需的一系列图纸，读者可以跟随图纸完成软硬件，并通过调试实现目标效果。在此过程中，理解软硬件相关的基础知识，掌握自行创作交互原型的方法。

■ 本章汇总了软硬件的基础知识，读者可以在学习后面的内容时返回本章寻找参考，加深理解。

■ Arduino的引脚有不同的功能，可以查阅引脚图了解相应开发板的引脚功能。

■ Arduino IDE编写的程序称为sketches，并以文件扩展名.ino保存，以setup(){}和loop(){}函数为基本结构，setup中的代码仅在上电或上传后执行一次，loop中的代码则无限循环。

■ 定义不同数据类型的变量，并进行运算，是编程的基础。Arduino常用的数据类型有整型（int）、浮点型（float）、字符型（char）和字符串型（string）。注意不同数据类型间的赋值转化。

■ 本章的实验带领读者认识了串口监视器，串口监视器是调试必须的工具，可以帮助用户查看原型运行状态。

■ Arduino中通过Serial.begin(波特率)打开串口，通过Serial.print( )或Serial.println( )函数向串口发送数据。在Arduino IDE的右上角小图标打开串口监视器，便能看到Arduino传过来的数据。

analogWrite（ledpin，fadevalue）

第 4 章

灯光与 显示

void setup（）

int buttonState

4

const int

int buttonState = 0

const int buttonPin = 2;

const int ledPin = 13;

1986 年，刚刚成立的皮克斯动画工作室推出了首部影片《顽皮跳跳灯》(*Luxo Jr.*)，在这部只有 2.5 分钟的动画短片中，一大一小两只台灯成为了"父子"，在一场追逐皮球的游戏中发生了趣味横生的故事。该电影获得了极高的赞誉。有评论认为，它开辟了新天地——为无生命的物体注入个性，并通过计算机技术传达情感。为了传达出逼真生动的效果，其中应用了多项动画技术，最著名的是"自阴影"，即物体能够准确地将阴影源投射到自身上，电影由关键帧动画系统在动画程序辅助下制作，并使用多个光源和程序纹理技术渲染图像，是动画电影技术划时代的标志之一。如果仔细观察就会发现，"光"在整部影片中起到了线索作用，主角是两座"台灯"，他们发射出的光线随着动作而摆动，在一个固定场景中达到了"空间转换"的效果。同时，"父子"俩也依靠灯光的变化来"交流"，并增强了动作的真实感，使得在一个狭小空间内上演了流畅的动作表演。

灯光、光线、照明，都是人们生活中习以为常的环境要素，《顽皮跳跳灯》无疑向我们展示了，合理的运用与巧妙的设计，可以使灯光在交互作品中起到丰富的作用，如传递信息、表达情感、空间转换、烘托氛围、动作衔接等，并且灯是较为常见且易得的原材料，是交互原型设计中十分重要的设计及制作素材。本章将学习如何使用 LED 模块及其衍生功能，为交互原型之旅开启"探照灯"。

4.1 点一盏 LED 灯

从本章开始，将会基于第 2 章中介绍的 InnoKit 套件，通过元件讲解和案例实操带领读者一步步学习如何使用模块与 Arduino 的组合，完成显示、控制、传感、制动等输入输出方法。

灯光作为一种重要且常用的显示方法，与 Arduino 的输出控制息息相关。Arduino 有数字输出和模拟输出两种输出方式，数字输出仅输出 0/1 两个离散值，而模拟输出可以输出一段区间内的连续变化。拿出一只 LED 灯泡，使用两种不同的方式来点亮它，看一看输出方式之间的区别。

LED 学名为发光二极管（见图 4-1），一般使用半导体材料制成。在日常生活中，照明一般会使用白光，它是由不同波长的光所组成的。而大多数的 LED 只能发出特定波长的光，因此具有特定的颜色。LED 引脚具有正负极之分——引脚长的为正极，短的为负极。

图 4-1 不同颜色形制的 LED 灯

在套件中还配有 RGB LED 模块，也就是全色 LED 模块（见图 4-2）。它可以通过混合红光、绿光和蓝光产生多种颜色。RGB LED 模块可以使用 PWM 控制调整每种颜色的亮度，以产生 RGB 光谱上的任意颜色。通过编写代码，LED 模块就可以产生不同的色彩与亮度。

图 4-2 LED 灯模块

电阻是一种限流元件，可限制通过它所连电路的电流大小，其阻值常以不同颜色的色环标注。LED 经常与电阻联用，因为 LED 元件本身的二极管特性（可以理解为阻值很小），所以必须在电路中串入合适的电阻，以得到适合 LED 元件工作的电流。而 InnoKit 套件中的 LED 模块已在电路板中集成了小型电阻，因此可直接连接到 Arduino 主板使用。

实验4-1：点亮LED灯

在这个实验中，将首次连接 Arduino 与其他硬件，学习通过 Arduino 控制电路变化，从而影响电路中 LED 灯珠的亮灭。改变点亮和熄灭 LED 的时间间隔可以控制闪烁频率，传递不同的信息。比如高频闪烁能营造紧张或激动的氛围感，低频不规律的闪烁能传递一种俏皮感，规律且平稳的闪烁可以作为一种进行中的状态提示。具体来说，本实验将搭建一个简单的电路，来点亮 LED 灯泡。

A. 实验流程

将实验素材按图 4-3 所示进行连接。打开编译器自带的示例程序"文件→示例→01.Basics → Blink"。将 Arduino 与计算机连接，并编译上传程序，LED 灯泡将开始闪烁，亮一秒、灭一秒。

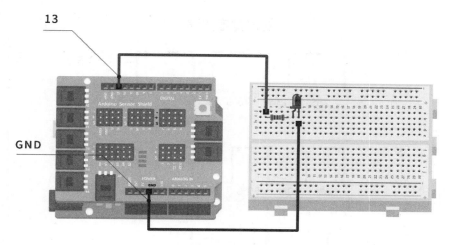

图 4-3　实验 4-1 线路连接示意

B. 实验解读

LED_BUILTIN 是一个在编译器中默认对应数字 13 的宏，对应了此处与 LED 灯相连的号数字口，因此在本程序中无须声明、定义。如代码 4-1 所示，setup( ) 中通过 pinMode 函数设置 13 号引脚为输出模式，便于在输出模式下使用数字输出的函数 digitalWrite( )，让 Arduino 改变 13 号引脚的电压为 HIGH 或 LOW（1 或 0）。数字输出为高电平时，LED 点亮；为低电平时，LED 熄灭，延时函数 delay( ) 用于控制亮灭的时长。

```
void setup () {
  // 声明数字口LED_BUILTIN为输出模式:
  pinMode(LED_BUILTIN, OUTPUT);
}
void loop () {
  digitalWrite(LED_BUILTIN, HIGH);     // 点亮LED灯
  delay(1000);                          // 暂停程序1000毫秒
  digitalWrite(LED_BUILTIN, LOW);      // 熄灭LED灯
  delay(1000);                          // 暂停程序1000毫秒
}
```

代码 4-1

要点亮一颗 LED 灯珠，离不开电压和电流，LED 灯珠的亮度与电压、电流相关。数字输出改变了引脚电压，让电压在 5V 和 0V 间切换，达到闪烁的效果。当电压恒定在 5V 时 LED 的亮度是没有改变的，如果想调节 LED 灯珠的亮度，可以更换电路中的电阻，但这种方法较为复杂，且对于 LED 模块的电阻无法更换。因此，可以通过模拟输出来调节 Arduino 输出于 LED 所在电路的电压大小，进而调节灯泡的亮度。在这里，需要了解两个重要概念：模拟输出和 PWM 调制。

Arduino 模拟输出引脚不会生成真正的连续变化电压的输出，相反，它使用 PWM 调制信号，可以对其进行平滑处理以产生平均电压，从而产生模拟输出。其工作原理是，改变输出高电平与低电平的比例（占空比）可以改变输出端的等效平均电压，该电压可以平滑为稳定的直流电压以创建 Arduino 模拟输出。这是一种仅使用数字信号产生连续变化的输出电压的方法。如图 4-4 所示，模拟输出在低、中和高占空比的平均电压差异。

脉冲宽度调制

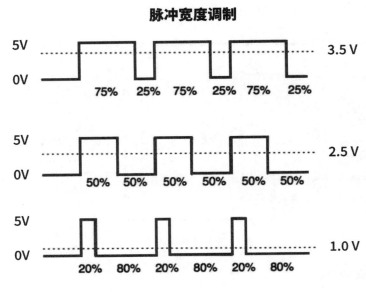

图 4-4　模拟输出占空比（从上至下分别为低、中、高占空比）

PWM（Pulse width modulation），即脉冲宽度调制，是一种通过数字方式获得模拟结果的技术。数字控制用于创建方波，即在开和关之间切换的信号。这种开关模式可以模拟电路板的开启和关闭之间的电压，方法是改变信号为高电平时间部分与信号为低电平的时间。Arduino 没有内置数模转换器 (Digital to analog converter，DAC)，但它可以对数字信号进行脉宽调制 (PWM)，以实现模拟输出的部分功能。

如图 4-5 所示，绿线代表一个固定的时间段。该持续时间或周期是 PWM 频率的倒数。换句话说，Arduino 的 PWM 频率约为 500Hz，每条绿线测量 2 毫秒。对 analogWrite( ) 的调用范围为 0～255，analogWrite(255) 请求 100% 的占空比（始终开启），analogWrite(127) 的占空比为 50%（一半时间）。

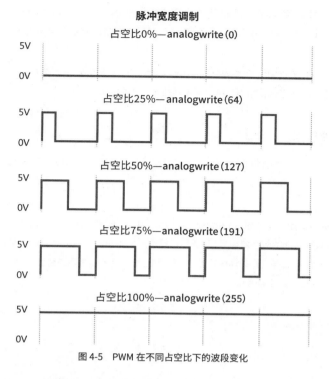

图 4-5　PWM 在不同占空比下的波段变化

实验4-2：调节LED灯的亮度

在这个实验中，将学习模拟信号输出，看到 PWM 模拟的电压如何控制 LED 灯泡的亮度。亮度变化可以实现渐明渐暗的效果，使 LED 在熄灭跟点亮的过程中有一个平滑过渡，修改过渡的时长可以实现呼吸灯、烛光摇曳等丰富的效果。具体来说，本实验将通过调节 Arduino 输出电压（模拟输出）的方式，来控制 LED 灯泡的亮度。实验演示视频请参考视频 4-1，可扫码查看具体内容。

视频 4-1

A. 实验流程

如图 4-6 所示，将实验所需材料进行连接，将扩展板安装到 Arduino 主板。将三排线有卡扣一端连接到 LED 模块，无卡扣一端连接到扩展板 9 号数字口。

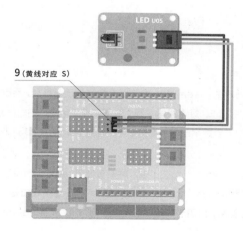

图 4-6　实验 4-2 线路连接示意

首先，打开编译器自带的示例程序"文件→示例→03.Analog→Fading"。将 Arduino 与计算机连接，并编译上传程序。LED 灯泡将渐渐点亮，再渐渐熄灭，如此循环。

然后，打开教材配套示例程序 2-5CandleLight.ino。将 Arduino 与计算机连接，并编译上传程序，LED 灯泡将如同在风中摇曳的烛光，忽明忽暗。

B. 实验解读

Arduino 是如何控制 LED 的亮度，并实现不同的变换效果的呢？下面一起分析下这两个程序。

如代码 4-2 所示，使用 analogWrite(pin, value) 来调节 Arduino 的输出电压。其中 pin 为有 PWM 功能的数字口编号，对于目前使用的 Arduino（leonardo）型号，只有 3、5、6、9、10、11 号数字口具备模拟输出 PWM 调制功能；value 表示占空比，其范围为 0（始终关断）～ 255（始终导通）。

```
//本例展示analogWrite()函数的使用。

int ledPin = 9;        //定义常量并将其赋值为9(连接LED模块的数字口编号)
void setup() {
  // 什么都不做
}
void loop() {
  //步长为5，从小到大
  for (int fadeValue = 0 ; fadeValue <= 255; fadeValue += 5) {
    // 设置数值（0到255）
    analogWrite(ledPin, fadeValue);
    // 等待30毫秒，来让人看清效果
    delay(30);
  }
  // 步长为-5，从大到小
  for (int fadeValue = 255 ; fadeValue >= 0; fadeValue -= 5) {
    // 设置数值（0到255）
    analogWrite(ledPin, fadeValue);
    // 等待30毫秒，来让人看清效果
    delay(30);
  }
}
```

代码 4-2

在第一个 for 循环中，fadeValue 的值以 5 为步长逐渐增加，ledPin 号数字口的平均输出电压也逐渐增加，LED 灯泡逐渐变亮；在第二个 for 循环中，fadeValue 的值以 5 为步长逐渐减小，ledPin 号数字口的平均输出电压也逐渐减小，LED 灯泡逐渐变暗直至熄灭。

另外可以看到，在 void setup( ) 中，并没有使用 pinMode(pin, mode) 函数设置数字口模式。这是因为 pinMode(pin, mode) 函数用于设置数字口是用于数字输入还是数字输出；当上述几个数字口用于模拟输出时，无须使用 pinMode(pin, mode) 函数设置其模式。

如代码 4-3 所示，利用随机数在一定范围内，随机设置 LED 的亮度和亮度改变间隔，以模拟微风中的烛光效果。

```
//常量声明、定义:
const int ledPin = 9;              //定义常量并将其赋值为9(连接LED模块的数字口编号)

//变量声明、定义:
int val = 0;                       // 定义记录模拟输出值的变量
int delayval = 0;                  // 定义记录亮度变换间隔的变量

void setup() {
  randomSeed(0);                   // 初始化伪随机数生成器
}

void loop() {
  val = random(100,255);           // 在100～255间取一个随机数
  analogWrite(ledPin, val);        // 根据获取的随机数来设置LED亮度

  delayval = random(50,150);       // 在50～155间取一个随机数
  delay(delayval);                 // 根据获取的随机数来设置延时多少毫秒
}
```

代码 4-3

与随机数生成相关的函数有 randomSeed(val) 和 random(min, max)。Arduino 生成的随机数是一种伪随机数，其基于一定的算法模拟产生。虽然其产生的随机数在分布上是随机的，但序列却是可预测的。所以一般情况下需要使用 randomSeed(val) 指定一个自定义的种子，供 Arduino 通过对这个种子进行一系列的运算来模拟出一个随机数。如果直接调用 rand 函数，并不指定种子，系统就会调用默认的种子的函数 randomSeed(seed) 重置 Arduino 的伪随机数生成器。random(min, max) 可在 min ～ max 范围内生成随机数。

4.2 点一盏全彩 LED 灯

在上一节中，所用到的单色 LED 灯泡只有正负两个引脚，而常见的全彩 LED 灯泡（又称 RGB LED 灯泡）相当于集成了红 (R)、绿 (G)、蓝 (B) 三色的 LED 灯泡为一体，具有 4 个引脚——其中 3 个引脚分别为红、绿、蓝三色的正极，剩下一个引脚为它们共用的负极。

一般的全彩 LED 灯泡体积较大，不方便集成，且接线复杂。如图 4-7 所示，InnoKit 套件中的全彩 LED 模块，采用贴片全彩 LED 灯，其体积更小，集成度更高；而且模块中集成了必要的电路与控制芯片，使用时只需将模块通过三排线与 Arduino 连接即可。InnoKit

套件含两种全彩 LED 模块——仅有 1 个贴片 LED 的单灯全彩 LED 模块，以及包含 25 个贴片 LED 的矩阵全彩 LED 模块。

普通LED灯珠　　　　贴片LED灯珠

图 4-7　普通 LED 灯珠与贴片 RGB 灯珠对比

实验4-3：点亮全彩LED灯

在这个实验中，将首次使用全彩 LED 模块，学习使用 LED 的颜色变化来传达更丰富的视觉信息。该模块的灯珠颜色可以通过 RGB 或者 HSV 的 3 个通道来设置，可以持续保持任意颜色，也能在不同颜色间自由切换，同样也能用前两章的知识控制全彩 LED 的闪烁或者平滑亮灭。

A. 实验流程

如图 4-8 所示，准备好实验所需材料。按照如图 4-9 所示接线，将扩展板安装到 Arduino 主板。使用一根三排线，其有卡扣一端连接到单灯全彩 LED 模块，无卡扣一端连接到扩展板 3 号数字口。

控制全彩 LED 模块需要用到第三方自定义库（Library：FastLED）。库是编程中的一个常见概念，可以简单地将其理解为包含一些预定义函数与功能的"仓库"，可以直接去调用库中的函数，而不必自己去编写实现这些函数。Arduino 编译器自带了一些库，但不含控制全彩 LED 模块的 FastLED 库，因此需要自行添加。库可在"工具→管理库"中下载，或通过搜索官方网站进行下载。下载完成后，在编译器中选择"项目→加载库→添加 .ZIP 库"来添加这个"库"。打开由这个库提供的示例程序"文件→示例→FastLLED → Blink"。将 Arduino 与计算机连接，并编译上传程序。然后，便可看到全彩 LED 开始闪烁。

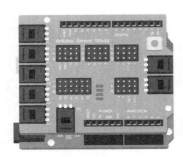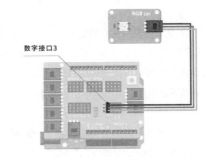

数字接口3

图 4-8　LED 模块及其他硬件
（从左至右：Arduino 主板；阵列全彩 LED 模块；单灯全彩 LED 模块；三排线）

图 4-9　实验 4-3 线路连接示意

B. 实验解读

下面分析一下代码 4-4 的内容。

首先，代码中包含了一个名为"FastLED.h"的头文件，来自新添加的 FastLed 库。这个头文件中含有一些预先编写好的控制全彩 LED 模块的函数。包含这个头文件以后，就可以利用其中预定义的这些函数，方便地控制全彩 LED 模块了。

然后，程序声明了模块所含 LED 数量并用自然语言词汇 NUM_LEDS 标识，将向全彩 LED 模块发送控制信号的 3 号数字口用自然语言词汇 DATA_PIN 标识，以方便接下来程序的编写与修改。另外，可以看到这一示例程序中还将 13 号数字口用 CLOCK_PIN 进行标识，这是因为一些全彩 LED 模块采用更为复杂的控制系统，需要用到额外的数字口进行控制。InnoKit 套件中的全彩 LED 模块无须使用到这个额外的接口。

最后，需要使用 CRGB leds[NUM_LEDS]，以根据 LED 数量，构建 LED 阵列设置数据的数组。关于数组的概念，将在第 6 章详述，此处可回顾第 3 章中对数组的基础讲解介绍。

头文件

头文件是一个来自 C 语言的概念。在 C 语言中，头文件是扩展名为 .h 的文件，其中包含要在多个源文件之间共享的 C 函数声明和宏定义。头文件有两种类型：程序员编写的文件和编译器附带的文件。一般来说，用户和系统都默认使用 #include 来包含头文件。

在包含头文件时，有两种语法：

#include <LibraryFile.h>

#include "LocalFile.h"

```
// 包含头文件FastLED.h
#include "FastLED.h"

// 说明模块所含LED数量，并以NUM_LEDS标识
#define NUM_LEDS 1

// 将向全彩LED模块发送控制信号的3号数字口标识为DATA_PIN
#define DATA_PIN 3
// 有些种类的全彩LED模块带有SPI接口，需要额外的数字口连接；本实验中无须使用
#define CLOCK_PIN 13

// 根据LED数量，构建LED阵列设置数据的数组
CRGB leds[NUM_LEDS];
```

代码 4-4

因为全彩 LED 的种类繁多，所使用的控制芯片多种多样；在 void setup() 中，需要依据当前所使用的全彩 LED 种类，进行相应的初始化。在代码 4-5 中，罗列了大量不同种类的全彩 LED 的初始化函数，InnoKit 中的全彩 LED 模块属于 NEOPIXEL。

```
void setup() {
    // Uncomment/edit one of the following lines for your leds arrangement.
    // FastLED.addLeds<TM1803, DATA_PIN, RGB>(leds, NUM_LEDS);
    // FastLED.addLeds<TM1804, DATA_PIN, RGB>(leds, NUM_LEDS);
    // FastLED.addLeds<TM1809, DATA_PIN, RGB>(leds, NUM_LEDS);
    // FastLED.addLeds<WS2811, DATA_PIN, RGB>(leds, NUM_LEDS);
    // FastLED.addLeds<WS2812, DATA_PIN, RGB>(leds, NUM_LEDS);
    // FastLED.addLeds<WS2812B, DATA_PIN, RGB>(leds, NUM_LEDS);
    FastLED.addLeds<NEOPIXEL, DATA_PIN>(leds, NUM_LEDS);
    // FastLED.addLeds<APA104, DATA_PIN, RGB>(leds, NUM_LEDS);
    // ...
    // 部分省略
    // ...
    // FastLED.addLeds<DOTSTAR, DATA_PIN, CLOCK_PIN, RGB>(leds, NUM_LEDS);
}
```

代码 4-5

在代码 4-6 中，void loop( ) 使用了点亮全彩 LED 常用的一组函数：leds[num] = CRGB::colorName 和 FastLED.show( )。本实验使用的是单灯全彩 LED 模块，仅有一个 LED，其编号为 0，故 num 值写为 0。colorName 为颜色名称，FastLED 库中定义了一些颜色名称供使用，使用定义以外的颜色名称会报错。

leds[num] = CRGB::colorName 相当于只是一种"预设"，代码执行后，LED 灯珠的颜色并不会立即变化。必须执行 FastLED.show( ) 来更新 LED 灯珠，使得这种预设生效。需要注意的是，每次运行 FastLED.show( ) 后，与之相关的预设仍然存在，需要使用 FastLED.clear( ) 才能清空预设条件，即清空 leds 数组中存储的颜色数据。举例来说，数个 LED 灯珠组成了一个网格，每次运行 FastLED.show( ) 都会根据 leds 数组中存储的颜色值，已经被点亮的灯珠会保持当前状态不变，除非作者改变 leds 数组中的颜色值发出指令让它熄灭。举例来说，如果修改了 leds 数组中预设的"A1"灯珠的颜色，并使用 FastLED.show( ) 点亮了网格里的"A1"灯珠，再次修改"A2"灯珠的预设颜色并执行 FastLED.show( ) 点亮网格里的"A2"灯珠时，"A1"灯珠保持点亮的状态不变。

```
void loop() {
    // "预设"0号灯珠为红色:
    leds[0] = CRGB::Red;
    // 根据"预设"更新LED模块——点亮0号灯珠，发红光
    FastLED.show();
    // 延时500ms:
    delay(500);
    // "预设"0号灯珠为黑色(即熄灭):
    leds[0] = CRGB::Black;
    // 根据"预设"更新LED模块——熄灭0号灯珠:
    FastLED.show();
    // 延时500ms:
    delay(500);
}
```

代码 4-6

视频 4-2

实验4-4：控制全彩LED灯阵列

在这个实验中，将学习全彩 LED 如何以阵列的方式显示图像及动画，单个 LED 可以看作一个像素点，按阵列排布就是一个低分辨率的屏幕。按图像中各行格列的像素点颜色设置阵列 LED 中相应位置的灯珠颜色，就可以将图像通过灯光显示。将动画分解为逐帧的图像，再转化为 LED 阵列每个灯珠的变化规律，逐帧变化灯板颜色，就能实现动画效果。本实验以一个心形从中心扩大到消失的动画作为示例，带领读者理解如何利用 LED 阵列实现动画效果。实验演示视频请参考视频 4-2，可扫码查看具体内容。

A. 实验流程

如图 4-10 所示，将实验所需材料进行连接，将扩展板安装到 Arduino 主板。使用一根三排线，其有卡扣一端连接到阵列全彩 LED 模块，无卡扣一端连接到扩展板 3 号数字口。

数字接口3

图 4-10　实验 4-4 线路连接示意

　　首先，打开示例程序 2-2 MovingLED，将 Arduino 与计算机连接，并编译上传程序，可以看到 LED 灯珠将以随机颜色顺序闪烁，看起来像一个光点在灯板上流动。然后，打开示例程序 2-3 Heart，并重新编译上传程序，将可看到一颗跳动心脏的像素动画。

B．实验解读

　　下面，首先来一起分析下 MovingLED 的程序（见代码 4-7）。这部分程序与实验 4-3 程序开头类似。本实验使用的阵列全彩 LED 模块有 25 个灯珠，因此 NUM_LEDS 为 25。此外，读者可能注意到，上一个实验中的灯光十分刺眼，因此本实验使用了一个新的函数 FastLED.setBrightness(val) 来设置全彩 LED 模块的整体亮度：val 值的范围为 0 ～ 255，数值越大，亮度越高。

```
// 包含头文件FastLED.h
#include <FastLED.h>

#include <stdlib.h>

// 说明模块所含LED数量，并以NUM_LEDS标识
#define NUM_LEDS 25
// 将向全彩LED模块发送控制信号的3号数字口标识为DATA_PIN
#define DATA_PIN 3

// 根据LED数量，建立LED阵列
CRGB leds[NUM_LEDS];

void setup()
{
    FastLED.addLeds<NEOPIXEL, DATA_PIN>(leds, NUM_LEDS);
    FastLED.setBrightness(128); //设置整体亮度，即时生效
```

代码 4-7

　　如代码 4-8 所示，在 void loop( ) 中，使用一组新的函数 ——leds[num].r = val，leds[num].g = val，leds[num].b = val 来预设全彩 LED。其中 num 即灯珠的编号，r/g/b 分别代表红、绿、蓝，val 值的范围为 0 ～ 255。通过不同的红（Red）、绿（Green）、蓝（Blue）值的组合，可以灵活控制 LED 的颜色。

　　random8(val) 是一个用于生成随机数的函数，其中 val 值的范围为 0 ～ 255。例如，random8(10) 将返回 0 ～ 9 之间的随机整数。val 也可以留空，即写为 random8( )，此时

RGB 颜色模型

RGB 颜色模型，即三原色光模式（RGB color model），又称 RGB 颜色模型或红绿蓝颜色模型，是一种加色模型，将红（Red）、绿（Green）、蓝（Blue）三原色的色光以不同的比例相加，以合成产生各种色彩光。RGB 颜色模型的主要目的是在电子系统中检测、表示和显示图像，比如电视和计算机，利用大脑强制视觉生理模糊化（失焦），将红、绿、蓝三原色子像素合成为一色彩像素，产生感知色彩。

当使用 LED 合成各种颜色时，可以通过调节红、绿、蓝三色的数值进行混合，具体可以参照图 4-11 所示的内容。

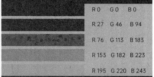

	R0　G0　B0
	R27　G46　B94
	R76　G113　B183
	R153　G182　B223
	R195　G220　B243

图 4-11　RGB 颜色混合数值

将返回 0～255 之间的随机整数。在实验 4-2 中曾学习了另一组用于生成随机数的函数——randomSeed(val) 和 random(min, max)，注意区分 random8(val) 与它们的异同，根据需求灵活选用——以本实验为例，因为 random8() 返回随机整数的范围与 r、g、b 值的取值范围一致，故在这里选用了它。

```
void loop()
{    //依次点亮、熄灭每一个灯珠
    for(int dot = 0; dot < NUM_LEDS; dot++)
    {
        // 获取随机的RGB值，并"预设"第dot个灯珠：
        leds[dot].r = random8();
        leds[dot].g = random8();
        leds[dot].b = random8();
        // 根据"预设"更新LED模块——点亮dot号灯珠，同时熄灭上一个灯珠
        FastLED.show();
        // "预设"第dot个灯珠为黑色（即熄灭）
        leds[dot] = CRGB::Black;
        delay(30);
    }
}
```

代码 4-8

接下来再一起分析下 Heart 的程序。其程序开头及 void setup 部分，与 MovingLED 完全一致，因此可以直接跳到 void loop(): 部分。如代码 4-9 所示，使用新函数 leds[num] = CHSV(hVal, sVal, vVal) 来预设全彩 LED。其中 num 即灯珠的编号；hval、sVal、vVal 分别为色调 (H)、饱和度 (S)、明亮度 (V)，其范围均为 0～255。该函数以 HSV 颜色空间来调节 LED 的颜色，与 RGB 相比，可以更方便地在维持色相的条件下改变灯光的亮度和饱和度。在动画最后一帧结束后，可以直接使用 FastLED.clear() 熄灭所有灯珠，而无须一颗颗设置。

```
// ...
// 前面与MovingLED完全一致，省略

void loop()
{
    // 动画第一帧，点亮中间1颗灯珠：
    leds[12] = CHSV( 0, 187, 150);
    FastLED.show();
    delay(1000);
    // 动画第二帧，继续点亮4颗灯珠，组成一个小的心形图案
    leds[7] = CHSV (0, 187, 150);
    leds[11] = CHSV (0, 187, 150);
    leds[13] = CHSV (0, 187, 150);
    leds[18] = CHSV (0, 187, 150);
    leds[16] = CHSV (0, 187, 150);
    FastLED.show();
    delay(1000);
    // 动画第三帧，继续点亮5颗灯珠，组成一个大的心形图案
    leds[2] = CHSV( 0, 187, 150);
    leds[6] = CHSV( 0, 187, 150);
    leds[8] = CHSV( 0, 187, 150);
    leds[10] = CHSV( 0, 187, 150);
    leds[14] = CHSV( 0, 187, 150);
```

代码 4-9

```
    leds[15] = CHSV( 0, 187, 150);
    leds[17] = CHSV( 0, 187, 150);
    leds[19] = CHSV( 0, 187, 150);
    leds[21] = CHSV( 0, 187, 150);
    leds[23] = CHSV( 0, 187, 150);
    FastLED.show();
    delay(1000);
    // 回到第一帧前，熄灭所有灯珠
    FastLED.clear();;
}
```

代码 4-9 (续)

HSV 颜色模型

HSV颜色模型 (见图4-12)，是一种将RGB色彩模型中的点在圆柱坐标系中的表示法。这两种表示法试图做到比基于笛卡儿坐标系的几何结构RGB更加直观。HSV即色相、饱和度、明度 (hue, saturation, value)。色相 (H) 是色彩的基本属性，就是平常所说的颜色名称，如红色、黄色等；饱和度 (S) 是指色彩的纯度，值越高色彩越纯，值越低则逐渐变灰，取值范围为0~100%；明度 (V)，取值范围为0~100%。

图 4-12 HSV 颜色混合参考

本章小结

- 单色LED只能发出特定波长的光，而全色LED可以自由指定RGB或HSV色值来改变其颜色。
- 数字输出仅输出0/1两个离散值，对应低电平和高电平两种状态。引脚以数字输出的方式接入电路后可以控制电路电压在0V或最高电压之间切换。
- 模拟输出模拟自然的物理量，输出连续值。Arduino通过PWM调制实现模拟输出，将0~255之间的数值对应到0至最高电压之间的电压大小，在该范围内制造连续的电压变化。
- PWM实际改变的是占空比，即单位时间内低电平和高电平所占时长的比例，来达到输出连续平滑电压的效果。并非直接变到电压的中间值。
- Arduino上带~标记的引脚为有PWM功能的引脚。
- 使用库能够更简单有效地实现功能，在代码最顶端输入#include<"头文件.h">。比如本章用到的FastLED库，能迅速使读者上手贴片LED灯组的动画控制。

课后练习

1. 在本节的实验中，用到了设置颜色名称、RGB值、HSV值3种方式来控制全彩LED的颜色。其中，设置颜色名称的方式最为简单直观，设置RGB值的方式颜色最为丰富，设置HSV值的方式则可灵活控制饱和度与亮度。读者可根据实际需求，灵活选用不同的方式。

2. 请读者灵活使用全彩LED的颜色控制方式及上述函数，用点阵全彩LED模块，显示一段5帧以上的动画。

3. InnoKit中还有一个条状的灯光模块，用它代替LED模块，尝试用analogWrite( )控制它，看看它会随着pwm值如何变化。

analogWrite（ledpin，fadevalue）

第 5 章

开关与调节

void setup（）

int buttonState

5

const int

int buttonState = 0

const int buttonPin = 2;

const int ledPin = 13;

上一章通过灯光初次学习了如何使用 Arduino 显示信息，本章则带领读者学习控制 Arduino 的方法。有了显示和控制，便能组成完整的输入—输出交互循环。

控制Ardunio的方法较多，其中"开关"是最为常见的方法之一，通过开关机制可以实现对交互原型的电流控制，从而间接控制运动、声音、光效等。首先，对开关的理解可以从身边的实例入手，清楚易懂；其次，"开关"的核心是控制与连接，是实现设计功能并且让硬件"动起来"的基础。在较好地掌握了开关的操作设置后，进而学习旋钮等模块的知识，可以形成一条连贯且深入浅出的学习轨迹。

此外，开关在英文里有两个对应的词：switch和valve。switch是指电路中使用的开关，valve是指管道系统里的开关，经常将它翻译为"阀门"。两个词的内涵都指向了某种流动系统中的控制，水路、电路皆是如此。日本任天堂出品的"Nintendo Switch"，据官方介绍含义是——作为改变人们日常娱乐生活的"开关"。从实体到虚拟，开关既可以是一个按钮，也可以是一种"符号"。对开关机制及原理的学习，不仅可以帮助人们实现对交互原型的控制，也提示着人们对于技术隐喻的思考。

开关，有两层含义。首先，它可以指"开启和关闭"，比如，在电路中通过控制，让电流通过、中断或者分流。其次，它还可以指接通和截断电路的电子元件。在Arduino的学习中，这两层含义都有涉及，既要理解如何让电流通过/阻断，也要能够正确地连接电子元件。

对开关的学习可以从最基本的"控制器"开始，环顾四周会发现墙上有控制灯光的按钮，桌子上的鼠标、遥控器、显示器等都有一个或多个按钮来实现开启/关闭的功能，音箱上的旋转钮可以调节音量甚至音色。无论是什么具体形式，只要是通过控制电流及附件实现了开关或调节作用的器件，都可以称之为"控制器件"。

控制器件比较常见的形式有按钮与旋钮，其工作原理十分简单，按压按钮，电路就会接通或者断开，形成一个"开"或"关"的信号。Arduino 就像是人的大脑，它可以接收并检测出这种"开关"信号，然后把信号传递给指定的元器件，并要求它们做出响应；与之相似，当调节旋钮时，电路中的电压将出现变化，Arduino 一样可以接收并检测出这种"调节"信号，并改变相应的元器件的状态。在本章中，将学习如何使用按钮与旋钮，来控制交互原型。

按钮的工作原理

按钮（见图 5-1）的工作原理较为简单，如图 5-2 所示，对于常开触头（a），在按钮未被按下前，电路是断开的，按下按钮后，常开触头被连通，电路也被接通；对于常闭触头（b），在按钮未被按下前，触头是闭合的，按下按钮后，触头被断开，电路也被分断。由于控制电路工作的需要，一只按钮还可带有多对同时动作的触头（c）。

图 5-1　按钮

图 5-2　按钮工作原理图

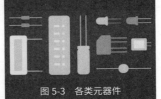
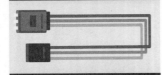
5.1　按压按钮

按钮是一种常见的元器件，在生活中随处可见。在 Arduino 中，按钮常以"按钮模块"（Button Module）的形式出现，在 InnoKit 套件的按钮模块中集成有"常开开关"——只有按下去的时候，电路才会闭合，通常状态下电路断开。按钮的工作原理简单清晰，由"按下"这个动作直接控制电路的通断，按钮与电阻等元件一起集成到模块中后，将通电信号从模块的信号引脚传至 Arduino。

如第3章所讲，Arduino的主板上有许多接口，也就是引脚或针脚，其中有一些可以用于输入/输出的称为"I/O口"，这其中又有一些以数字方式输入/输出的称为"数字口"。当数字口用于检测输入时，它能检测出两种电压状态：高电平（5V）或低电平（0V）。Arduino可以检测到数字口的电压变化，从而判断按钮是否按下了。

上述这个过程——利用数字口来检测高、低电压状态，称之为"数字输入"，可以理解为通过数字口告知 Arduino 外界的电压信息。相应地，当数字口用于向外输出信息时，称为"数字输出"，Arduino 的数字口能输出高电平（5V）或低电平（0V）两种电压（具体可查阅第 4 章中相关内容讲解）。

实验5-1：使用按钮做控制

在这个实验中，将首次学习如何从输入元件接收信号到 Arduino，并通过输入信号控制 LED 灯泡。这次使用的输入元件是一个按钮，Arduino 能从输入引脚获得按钮的开合状态，当按下按钮时 LED 会发光，松开按钮时 LED 会熄灭。具体来说，本实验将搭建一个带有按钮的电路，通过控制按钮来点亮 LED 灯泡。

A. 实验流程

如图5-5所示，准备好实验所需器件。如图5-6所示，将三排线及各模块进行连接。具体说明如下：将扩展板安装到Arduino主板，确认无误后，取出两根三排线。在连接时，将有卡扣一端分别连接到按钮模块、LED模块，无卡扣一端分别连接到扩展板2号数字口（对应按钮模块）、13号数字口（对应LED模块）。

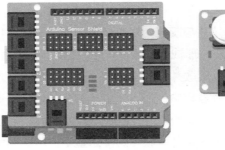 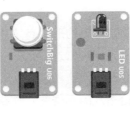 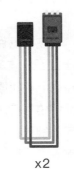

×2

图 5-5　实验 5-1 所需器件
（从左至右分别为 Arduino 主板、按钮模块、LED 模块和三排线 ×2）

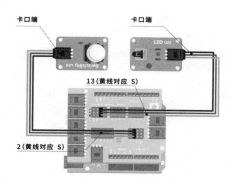

卡口端   卡口端

13(黄线对应 S)

2(黄线对应 S)

图 5-6　实验 5-1 线路连接示意

完成硬件部分的连接后，请将 Arduino 与计算机连接并编译上传程序。程序为预置程序，可以在编译器自带的"示例程序"文件中找到，依次打开"示例→ 02.Digital → Button"。最后，按下按钮，LED 灯泡将点亮；按钮一旦松开，LED 灯熄灭。

B. 实验解读

Arduino 是如何根据按钮的开合来控制 LED 的亮灭呢？它是如何"读懂"所接收到的信息的呢？带着这个问题，下面一起分析一下代码 5-1 的内容。

实验 5-1 中用到了按钮模块与 LED 模块，通过代码的第一、二行，告知了 Arduino 以下信息：我们选择了数字口 2 连接按钮模块，选择了数字口 13 连接 LED 模块。这两个位置信息需要有对应的名称，选择自然语言词汇 buttonPin、ledPin 进行对应的标识，以方便接下来程序的编写与修改。数字口的位置是不变的，是一种常量，因此，前两行代码中使用"const"定义了常量，常量中的值被定义后不能在运行中被修改。

第三行让 Arduino 给我们一个存放按钮状态的地方。与数字口不同，按钮是在开 / 关的状态间进行切换的，是一个变量。所以我们声明一个变量"buttonState"，并且给它一个初始值"0"，它的作用是记录按钮的开关状态。此处的常量与变量都由"int"声明为整形。

```
//常量声明、定义：
const int buttonPin = 2; // 定义常量并赋值2(连接按钮的数字口编号)
const int ledPin = 13;   // 定义常量并赋值13(连接LED的数字口编号)

//变量声明、定义：
int buttonState = 0;     // 定义记录按键状态的变量
```

代码 5-1

Arduino 的数字口既可检测输入，也可对外输出。但数字口的输入或输出模式是互斥的，同一时刻只能处于一种模式。如代码 5-2 所示，在使用一个数字口前，需要使用函数 pinMode（pin, mode）设置数字口的模式。其中的 pin 为要设置的数字口编号；mode（即模式，可以写入关键字）为 OUTPUT 或 INPUT，分别对应输出或输入。

```
void setup() {
  // 声明数字口ledPin为输出模式
  pinMode(ledPin, OUTPUT);
  // 声明数字口buttonPin为输入模式
  pinMode(buttonPin, INPUT);
}
```

代码 5-2

如代码 5-3 所示，对于设置为输入模式的数字口，可以使用函数 digitalRead(pin) 来读取输入状态。对于实验中所使用的按钮模块，当按钮按下时，其所连接的 buttonPin 号数字口的电压将拉高到 5V，相应的 digitalRead(buttonPin) 将返回值 1，与关键字 HIGH 相同；当按钮松开时，其所连接的 buttonPin 号数字口的电压将拉低到 0V，相应的 digitalRead(buttonPin) 将返回值 0，与关键字 LOW 相同。

在循环执行的 loop 函数中，首先使用 digitalRead(buttonPin) 监测当前按钮传给数字口的值，并将返回值赋予变量 buttonState。然后通过 if 语句来判断 buttonState 的值是否为 HIGH。如果是，点亮 LED 灯泡；否则，熄灭 LED 灯泡。

对于设置为输出模式的数字口，可以使用函数 digitalWrite(pin, value) 来设置其输出状态。value 同样为 1 或 0，对应关键字 HIGH 或 LOW，HIGH 即对外输出 5V，LOW 即对外输出 0V。具体到本实验中，当连接 LED 模块的 ledPin 号数字口，设置为 HIGH 时，LED 点亮；设置为 LOW 时，LED 熄灭。

```
void loop() {
  // 读取按键的值
  buttonState = digitalRead(buttonPin);

  // 检查按键是否被按下
  // 按下的话buttonState将为HIGH
  if (buttonState == HIGH) {
    // 打开LED：
    digitalWrite(ledPin, HIGH);
  } else {
    // 关闭LED
    digitalWrite(ledPin, LOW);
  }
}
```

代码 5-3

如图 5-8 所示，通过 pinMode 函数设置完数字口的输入与输出模式后，都要对该数字口使用输入或输出函数，才能实现各自的功能。

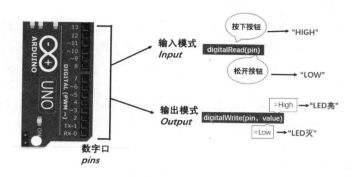

图 5-8　数字口与输入 / 输出模式关系示意

实验5-2：检测按钮的单次点按

实验 5-1 已经实现了通过按钮点亮 LED 的功能，但它还有一些不完善之处，仍有升级优化的空间。 读者在进行实验 5-1 时，或许会发现这样一个现象：在按下按钮的过程中，LED 灯泡在"亮"和"灭"的状态间反复切换了数次。这是由于在按下按钮时，开关可能会产生几次错误的开、关切换，这一问题是由机械结构导致的，这个错误切换的现象被称为"抖动"。Arduino 可能将这种抖动解读为"按钮在短时间内被多次按下、松开"。以下的实验内容通过优化程序，尽量规避这种抖动带来的负面影响，实现"防抖"。实验会使用到串口监视器进行调试，对这部分内容还不熟悉的读者，可以回顾第 3 章的相关内容。

A. 实验流程

如图 5-9 所示，将实验所需材料进行连接。将扩展板安装到 Arduino 主板。使用一根三排线，将有卡扣的一端连接到按钮模块，无卡扣的一端连接到扩展板 4 号数字口。打开示例程序 2-7Monitor。将 Arduino 与计算机连接，并编译上传程序。本程序功能为每读到一次从 LOW 到 HIGH 的变化（按钮按下一次），往串口打印一次"Pushed!"字符串。打开串口监视器，多次按压按钮，观察串口监视器的变化。可以看到，有时只按下了一次按钮，但串口监视器却出现了两个甚至更多"Pushed!"字符串，这便是受到了"抖动"的干扰。

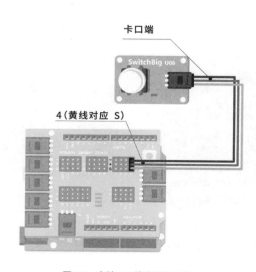

图 5-9　实验 5-2 线路连接示意

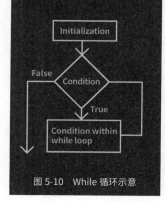

While

While是一种"循环"（见图5-10），简单来说，只要控制While的条件不发生变化，它就将连续地无限循环。所以，在使用while函数时，既要设置它的开始条件，也要设置结束条件，否则程序就会陷入其中难以自拔。

在Arduino的应用环境里，可以使用外部条件，比如传感器的数值变化，作为循环条件来停止While循环。

图 5-10　While 循环示意

B. 实验解读

下面将修改代码 5-4 的相应部分，以实现防抖功能。首先，请大家删除"//delay(10);"最前面的"//"，解除该句的注释状态。然后重新编译上传程序。再次打开串口监视器，多次按压按钮，观察串口监视器的变化。可以看到，现在按下一次按钮，串口监视器只会出现一个"Pushed!"字符串。delay(value) 是一个延时函数，让程序等待了一小段时间（这里是 10ms），等按钮状态稳定之后，再继续执行下面的代码。这样，便可以很大程度上实现防抖。

```
void loop() {
    if(digitalRead(KEY))
    {
        //去掉delay前的双斜杠"//"
        delay(10);
        if(digitalRead(KEY))
        {
            Serial.println("Pushed!");
        }
        while(digitalRead(KEY));
    }
}
```

代码 5-4

视频 5-1

实验5-3：检测按钮的多次点按

为按钮添加上防抖功能后，可以让 Arduino 准确地判断按下按钮的次数，根据次数做出相应的反应。比如本实验中，每按下一次按钮，灯条模块的亮度增加一格。灯条模块是集成了 10 个灯珠的条状 LED，灯珠可依次点亮或熄灭，且点亮或熄灭的数量可以控制。在这个实验中，将使用按钮控制 LED bar 亮灯个数，并在串口监视器中实时监控。实验演示视频请参考视频 5-1，可扫码查看具体内容。

如图 5-11 所示，实验所需硬件为主板、扩展板、LED 灯条模块、按钮模块和杜邦线两根。

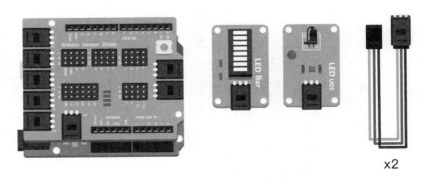

图 5-11　实验 5-3 所需硬件

A. 实验流程

如图 5-12 所示，将实验所需素材进行连接。将扩展板安装到 Arduino 主板。使用两根三排线，将其有卡扣一端分别连接到按钮模块、LED bar 模块，无卡扣一端分别连接到扩展板 4 号数字口、9 号数字口。接线时注意区分正负极，如果发现元器件过度发热或闻到焦煳味，及时断电并检查接线。

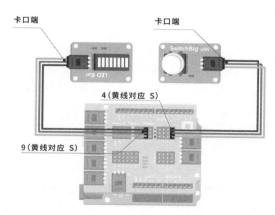

图 5-12　实验 5-3 线路连接示意

打开示例程序 2-8LED_Bar_PWM_Arduino.ino。将 Arduino 与计算机连接，并编译上传程序。每按下一次按钮，LED bar 就多亮一格，灯泡将点亮；同时串口监视器中将实时显示目前亮了几格。

B. 实验解读

下面来一起分析这个实验，帮助读者更好地掌握。如代码5-5所示，定义并赋值了i、j两个变量，其中i用来记录控制LED Bar亮几盏灯的整数，j用来记录LED Bar亮了几盏灯。

```
#define KEY 4
#define BAR 9
int i = 250;
int j = 10;

void setup() {
    Serial.begin(9600); //设置串口波特率为9600 bps
    pinMode(KEY,INPUT);
    pinMode(BAR,OUTPUT);
}

void loop() {
    // put your main code here, to run repeatedly:
    if(digitalRead(KEY))
    {
        delay(10);
        if(digitalRead(KEY))
        {
            if (i > 25){
                i = i – 25;
                j = j – 1;
```

代码 5-5

```
        }else{
          i = 250;
          j = 10;
        }
        Serial.println(j);
        analogWrite(BAR, i);
      }
      while(digitalRead(KEY));
  }
}
```

代码 5-5 (续)

在 void setup( ) 中，使用 Serial.begin(speed) 初始化了串口通信的波特率，本例设置为了 9600 bit/s。另外两个 pinMode(pin,mode) 函数则分别用来设置连接按钮和 LED Bar 模块数字口的模式。

在 void loop( ) 中，使用了一个 if else 条件语句来实现 LED Bar 模块从全亮开始一盏盏熄灭，全部熄灭后再次全亮并重复循环。程序中的 Serial.println(val) 函数被用来向计算机输出变量 j 的值,并在串口通信显示器中显示。j 的值与 LED Bar 点亮了几盏灯保持一致。

5.2 调节旋钮

在 5.1 节中，介绍了按钮的运行原理，现在对它的进阶版"旋钮模块"进行学习。所谓旋钮模块，本质上是一种旋钮型变阻器。读者可能对滑动变阻器比较熟悉，旋钮型变阻器在原理上与滑动变阻器相同，只是物理形态上有所差异。

与按钮模块相同，Arduino可以检测到旋钮转动时引起的电压变化。但与按钮不同的是，按压按钮时产生的电压只在两个值之间切换，而转动旋钮时产生的电压变化是在一个范围内连续变化。将这种一定范围内连续变化的量称为模拟量，相应地，Arduino设有一个被称为"模拟口"的接口，其中的A0-A5为模拟输入端口，可用于检测模拟输入的电压。同时，Arduino也有模拟输出端口，即可以支持PWM（Pulse Width Modulation）功能实现的端口，可以看作模拟输出端口。不同类型的Arduino所对应的PWM端口不同，以Arduino Uno为例，其模拟输出端口为3，5，6，9，10，11。关于PWM的相关知识会在第7章进行详细讲解。

模拟，对应英文的"analog"一词，也有译者将 analog 翻译成为"类比"，但"模拟"更为贴切。在实际生活中，能够接触到的各种感应数值中，变量占绝大多数，如湿度、温度、亮度、噪声等，都是在一个范围内不断变化的，"非开即关"的现象较少。可以将模拟量理解为对各种变量的模拟，是对这个变化过程中的读取。就像数字口一样，模拟量有它对应的接口——"模拟口"，同样，它也有"模拟输入"这个功能，Arduino 不能直接读取电压

滑动变阻器

滑动变阻器是一种电路元件，它可以改变自身的电阻，从而起到控制电路的作用。

如图5-13所示，E为电源，L为灯泡，K为开关。当按下开关后，滑动变阻器P可以通过向a、b两端滑动来调节灯泡的亮度。

图 5-13　滑动变阻器电路图

而需要转换，当通过"模拟输入"读取输入电压时（范围为 0V ～ 5V），开发板会把它转译成 0 ～ 1023 之间的整数，从而使 Arduino 通过读取数值判断电压。

举例来说，像温度这样的数据必须先被转换成微处理器能够处理的形式（如电压），才能被 Arduino 处理，这一任务通常由各类传感器来完成。例如，电路中的温度传感器能够将温度值转换成 0V ～ 5V 间的某个电压，如 0.3V、3.27V、4.99V 等。由于传感器表达的是模拟信号，它不会像数字信号那样只有简单的高电平和低电平，而有可能是在这两者之间的任何一个数值。至于到底有多少可能的值则取决于模数转换的精度，精度越高，能够得到的值就越多。

实验5-4：使用旋钮做控制

在这个实验中，将首次学习模拟输入，用 Arduino 从旋钮读取 0 ～ 1023 范围内的连续值，并使用这个值调节 LED 灯的闪烁时间间隔。旋钮的输入值越大，时间间隔越大，闪烁得越缓慢。具体来说，将利用 Arduino 相关材料，通过旋钮调节 LED 灯的闪烁时间间隔。

A. 实验流程

如图 5-14 所示，准备好实验所需器件。如图 5-15 所示，将实验材料各部分进行连接。具体来说，使用两根三排线，将有卡扣一端分别连接到旋钮模块、LED 模块，无卡扣一端分别连接到扩展板 A0 号模拟口、13 号数字口。将 Arduino 与计算机连接，并编译上传程序。一次打开编译器自带的示例程序 Examples->03.Analog->AnalogInput。调节旋钮，任意改变 LED 灯的闪烁间隔。

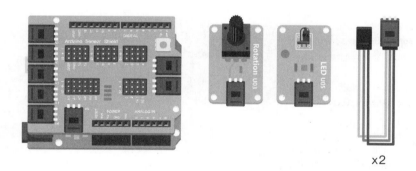

图 5-14　实验 5-4 所需器件
（从左至右分别为 Arduino 主板、旋钮模块、LED 模块和三排线 ×2）

模拟输入

在Arduino控制板上，有6个引脚标注有"Analog In"，这些特殊的引脚就是模拟引脚，不同于数字引脚只能检测是否有电压，模拟引脚还可以通过函数analogRead（）测量到具体的电压值。

对比数字输入与模拟输入，其本质区别在于，数字输入返回的信息是"有"或"无"电压，可以理解为"0"或"1"，是一种离散值；但模拟输入返回的值可以是一种在规定范围内变化的连续值。

视频 5-2

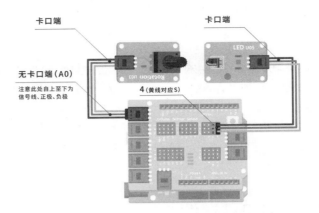

图 5-15　实验 5-4 线路连接示意

B. 实验解读

  Arduino 是如何根据旋钮的扭转来控制 LED 灯闪烁间隔的呢？下面一起来分析下这个程序。

  程序初始的相关常量、变量、数字口模式等声明及定义与实验 5-1 类似，这里不再赘述。注意 Arduino 的模拟口仅可用于输入，所以不需要声明其模式。在主体程序中（如代码 5-6），使用到了一个新函数——analogRead(pin)，来读取旋钮的数值。其中 pin 为模拟口编号，所读取值的范围为 0 ～ 1023。配合实验 5-1 中介绍的函数 digitalWrite(pin, mode) 和函数 delay (value)，就可以通过旋转旋钮调节 LED 灯闪烁的时间间隔了（0ms ～ 1023ms）。

```
//常量声明、定义
const int sensorPin = A0;      // 定义常量并将其赋值为A0(连接旋钮模块的模拟口编号)
const int ledPin = 13;         // 定义常量并将其赋值为13(连接LED模块的数字口编号)

//变量声明、定义:
int sensorValue = 0;           // 定义记录旋钮输入值的变量

void setup() {
  // 声明数字口ledPin为输出模式
  pinMode(ledPin, OUTPUT);
}

void loop() {
  sensorValue = analogRead(sensorPin);    // 从旋钮读值
  digitalWrite(ledPin, HIGH);             // 点亮LED灯
  delay(sensorValue);                     // 暂停程序sensorValue毫秒
  digitalWrite(ledPin, LOW);              // 熄灭LED灯
  delay(sensorValue);                     // 暂停程序sensorValue毫秒
}
```

代码 5-6

本章小结

在本章中，学习了如何使用按钮模块与旋钮模块，来开关或调节交互原型中的一些功能。接下来，尝试回忆一下本章的知识点，看看自己是否已经掌握。

■ 只有开/关两种状态的输入模块，如按钮，可以通过数字输入进行监测。输入模块会改变电路的电压状态，而以数字输入接入电路的引脚能读取到电路电压在0V与最高电压之间的变化，对应为0/1值回传给微控制器。

■ 有连续变化的输入模块，如旋钮及各种读取环境物理量的传感器，可以通过模拟输入进行监测。输入模块的变化会反映到模拟输入引脚读取的电压值上，基于数模转换的精度被转译为特定范围内的数值。Arduino的模拟输入将物理量转译为0~1023之间的整数。

■ 模拟输入引脚以A开头，只有模拟输入的功能，通常位于Arduino左侧。数字输入引脚同时也可以用作输出引脚，使用pinMode()函数来指定当前引脚的使用模式。

■ 使用短暂延迟和两次取值判断来实现防抖功能，减少误触。

课后练习

1. 在实验5-2中，使用了一个新的函数——while循环。请读者注释掉while[digitalRead(KEY)];（在该行代码起始处加上双斜杠"//"）这一句，然后重新编译上传程序，看看没有了循环后程序会如何运行。打开串口监视器，按下按钮不松开，观察串口监视器如何变化。

2. 请读者制作一个包含按钮和旋钮的复合开关，其中按钮可以控制LED灯打开与关闭，旋钮可控制LED以不同时间间隔闪烁。

analogWrite（ledpin，fadevalue）

第 6 章

音乐与旋律

void setup（） int buttonState

const int

6

int buttonState = 0

const int buttonPin = 2;

const int ledPin = 13;

声音是十分强大的媒介，它既有功能性，又兼具审美体验与情感表达。在交互原型的设计中，只要运用合理，简单的声音就可以实现很多功能，例如，提示音可以警示用户注意正在发生的情况，可以引导用户完成相应的行为。声音作为一种综合媒介所具备的体验性也不应忽视，一段合适的背景音乐、环境音，甚至只是简单旋律，都可以营造出特有的交互环境，带给交互对象别样的交互体验。声音还是一种"语言"，不仅可以传达某种情感或信息，还可以很好地展现不同领域间的交流与融合，尤其是在交互设计中，乐器演奏、音乐编曲、声音控制等都可以应用其中，为作品带来强大的交互能力。

声音的分类十分多样，音节与旋律可以说是最为常见的形式之一，也是较为常用的设计要素，适用范围广阔。在本章中，将从音节与旋律开始，带领读者探索——如何让交互原型发出声音，并介绍蜂鸣器模块和音乐模块的使用方法，让音乐走进交互原型之中。

6.1　谱一首曲

　　首先要介绍的是 Arduino 的蜂鸣器模块，它可以产生声音、振动甚至旋律，可以理解为 Arduino 的发声"器官"之一 。蜂鸣器模块中设置有蜂鸣器 (buzzer)，它是一种一体化的简单发声元器件。常见的蜂鸣器有压电式与电磁两种。其中，压电式蜂鸣器利用蜂鸣片在逆压电效应下的高速振动发声，电磁式蜂鸣器则利用振动膜片在电磁线圈和磁铁的共同作用下高速振动发声。蜂鸣器十分常见，在警报器、定时器、小玩具中都可以发现它的身影，广泛的应用也证明了蜂鸣器较低的应用门槛和多样的用途，是交互原型中常用的设计实现工具。

实验6-1：使用蜂鸣器演奏旋律

　　在这个实验中，将借助一点基本乐理，使用蜂鸣器发出与乐理规定的各个音高相同频率的声音，然后将这些声音按歌曲的旋律和节奏排布，就能顺利演奏一首乐曲了。具体来说，此实验目的为使用蜂鸣器播放一段旋律并尝试进行简单编曲。

A. 实验流程

　　如图 6-1 所示，准备好实验所需材料。如图 6-2 所示，将实验材料进行连接，并将扩展板安装到 Arduino 主板。将三排线有卡扣一端连接到蜂鸣器模块，无卡扣一端连接到扩展板 8 号数字口。此时要特别注意区分正负极，如果发现元器件过度发热或闻到焦糊味，请及时断电并检查接线。打开编译器自带的示例程序"文件→示例→02.Digital → toneMelody"，并将 Arduino 与计算机连接，并编译上传程序。如果前置步骤正确进行，此时蜂鸣器会播放出一段简单的旋律。

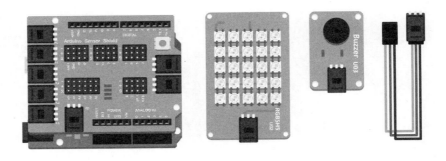

图 6-1　实验 6-1 所需器件

（从左至右分别为 Arduino 主板、LED 模块、蜂鸣器模块和三排线 ×2）

蜂鸣器

　　蜂鸣器是一种一体化结构的电子讯响器，广泛应用于电子产品中做发声器件。蜂鸣器主要分为压电式蜂鸣器和电磁式蜂鸣器两种类型，在电路中用字母"H"或"HA"表示。

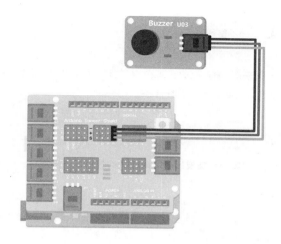

图 6-2　实验 6-1 线路连接示意

蜂鸣器的工作原理（见图 6-3）如下：压电式蜂鸣器上的多谐振荡器在接通电源后会发起振动，输出音频信号，阻抗匹配器推动压电蜂鸣片发声。电磁式蜂鸣器的振荡器产生的音频信号电流通过电磁线圈，使电磁线圈产生磁场。振动膜片在电磁线圈和磁铁的相互作用下，周期性地振动发声。

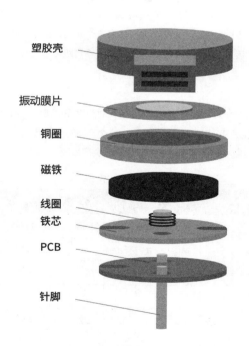

图 6-3　蜂鸣器结构示意

需要特别说明的是，在使用 InnoKit 套件进行此实验时，需要对套件中的蜂鸣器进行调音操作。由于其音调范围较高，需要将原始代码中的音调升高 3 个八度，以保证实验效果。下面举例说明：

原始代码：C4 —— 调整代码：C7；

原始代码：A3 —— 调整代码：A6；

以此类推。一般来说，蜂鸣器的音调范围与其制作或生产方式相关，针对每款蜂鸣器的音调选择，读者可以根据实际情况进行调试。

B. 实验解读

Arduino 是如何控制蜂鸣器发出不同的声音的呢？下面来仔细分析一下代码 6-1 的内容。

```
// 包含头文件pitches.h
#include "pitches.h"
```

代码 6-1

这是一段头文件代码，在 Arduino 中，可以使用 #include 来包含头文件，这样就可以访问大量标准 C 库（一组预制函数），以及专门为 Arduino 编写的库，从而方便地实现某些功能。

从工作原理上来说，Arduino 可以根据频率数值调整输出电压，从而控制蜂鸣器以不同的频率进行振动，进而发出不同的声音。但是 Arduino 无法理解人类所定义的"音级"，即 Arduino 无法直接将电压与音级联系起来。为了解决这个问题，就需要用到上述代码中的"pitches.h"头文件，该头文件做了一个预先的定义，将音级符号"转译"成 Arduino 所能理解的频率数值。

举例来说，代码语言"NOTE_FS4"，即音级 F#，对应频率 370Hz，Arduino 就能够明白其中的转换关系。因此，只需要明确一段旋律中每个音所对应的音级（见图 6-4），并通过代码进行"转译"（图 6-5），Arduino 就可以正确执行播放。

高音	Do	Do#	Re	Re#	Mi	Fa	Fa#	So	So#	La	La#	Si
频率	1048	1108	1176	1244	1320	1396	1480	1568	1660	1760	1856	1976
中音	Do	Do#	Re	Re#	Mi	Fa	Fa#	So	So#	La	La#	Si
频率	524	554	588	622	660	698	740	784	830	880	928	988
低音	Do	Do#	Re	Re#	Mi	Fa	Fa#	So	So#	La	La#	Si
频率	262	277	294	311	330	349	370	392	415	440	464	494

图 6-4　高中低音级与频率

音阶	频率（Hz）	周期	高电位时间
c(Do)	261	3830	1915
d(Re)	294	3400	1700
E(Mi)	329	3038	1519
f(Fa)	349	2864	1432
g(So)	392	2250	1275
a(La)	440	2272	1136
b(Si)	493	2028	1014
c(Do)	523	1912	956

图 6-5　音阶、频率、周期及高电位时间

如代码 6-2 所示，使用数组来记录旋律中每个音的音级。数组可以用来存储一系列相同类型的变量。声明一个数组，需要指定变量的类型（可以是任意有效的 C 数据类型，本示例中为 int）、变量的数量（必须是一个大于 0 的整数常量，本示例中为 8；如果留空，数组大小将自动定义为初始化时变量的个数）和数组名（本示例中为 melody）。如此，就可以不用单独去一个个地声明变量（例如，int melody0 = NOTE_C4、int melody1 = NOTE_G3……），而只需如上所示简单地声明一个数组，然后使用 melody[0]、melody[1]……来代表一个个单独的变量即可。另外需要注意，数组中第一个变量的索引值为 0，而不是 1。

```
// 依次声明旋律中每个音的音级
int melody[8] = {
NOTE_C4, NOTE_G3, NOTE_G3, NOTE_A3, NOTE_G3, 0, NOTE_B3, NOTE_C4
};
```

代码 6-2

如代码 6-3 所示，除了明确旋律中每个音的音级，还需要告知 Arduino 每个音的长短，即其为何种音符。在这里同样利用数组记录每一个音对应的音符种类。其中 4 代表四分音符，8 代表八分音符。

```
// 依次声明旋律中每个音的音符种类
int noteDurations[] = {
  4, 8, 8, 4, 4, 4, 4, 4
};
```

代码 6-3

上述代码已经完整记录了这段旋律的音级与音长，接下来的代码就要控制蜂鸣器播放音乐了。如代码 6-4 所示，这个环节需要用到函数 tone(pin, frequency, duration)。需要3 个完整的函数信息：蜂鸣器接在了 Arduino 的哪个接口（pin）、音的音级（frequency）和音的音长（duration）。满足以上 3 个信息后，调用函数 tone 就可以控制蜂鸣器发出一个音。

音级

将乐音按高低次序排列起来称为"音列"，音列中的各个音均称为"音级"。乐音体系中的每一个音称为音级，音级有基本音级和变化音级两种。

基本音级：在乐音体系中，具有独立名称的7个音级称为基本音级。这7个音级表现在钢琴上就是白色琴键所发出的声音（见图 6-6）。以C大调为例：C大调基本音级的音名从低到高分别标记为：C、D、E、F、G、A、B，与其对应的唱名则是do、re、mi、fa、sol、la、si这7个读音。

图 6-6　音阶与钢琴黑白键

变化音级：在7个基本音级中，除了E和F（C调唱名为mi和fa）、B和C（C调唱名为si和do），其他的两个相邻的音级之间还可以得到一个音。这种升高或降低基本音而得来的音，称为变化音级。音级变化表现在钢琴上就是黑色琴键所发出的声音。

数组

数组是一种非常方便的数据结构，它们很容易创建和索引。简单来说，数组是一组连续的相同类型的内存位置。要引用数组中的特定位置或元素，只需要指定数组的名称和数组中特定元素的位置编号就可以实现。

如图6-7所示，这个数组名称为C，C[ ]是数组中每个元素的位置，也就是它的索引值；C[4]是数组中的第5个元素，它的值是1543。特别需要注意的是，数组中的索引值也就是元素的位置，是从0开始排列的。

图 6-7 数组原理示意

示例中，规定了 1000 毫秒为一拍（即一个全音符），使用 1000 毫秒除以音符的种类，即可计算出每个音的音长（noteDuration）。例如，四分音符播放时间为 1000/4 毫秒，八分音符播放时间为 1000/8 毫秒，以此类推。而为了让人耳能够分辨清楚每个音符，还设置了播放每个音符的间隔时间（pauseBetweenNotes）。通常可将一拍长度的 1.3 倍作为间隔时间。

此外，这里使用了一个 for 循环，以让 Arduino 把记录在数组 melody 中的每一个音，从 melody[0] 到 melody[7] 依次播放。特别需要说明的是，示例程序中使用了函数 noTone(pin) 来终止 8 号引脚上的蜂鸣器发声的操作。这在本示例中不是必需的，因为在函数 tone(pin, frequency, duration) 中，已经通过输入音长（duration）告知了 Arduino 何时停止，但是为循环函数设置结束条件，是编写代码的良好习惯，有助于控制程序更加准确地运行。

```
// 播放旋律
void setup() {
  // 依次播放每个音:
  for (int thisNote = 0; thisNote < 8; thisNote++) {
    // 根据音符种类，计算第thisNote个音的持续时间:
    int noteDuration = 1000 / noteDurations[thisNote];
    // 播放第thisNote个音:
    tone(8, melody[thisNote], noteDuration);
    // 设置播放间隔以区分每一个音:
    int pauseBetweenNotes = noteDuration * 1.30;
    delay(pauseBetweenNotes);
    // 停止播放:
    noTone(8);
  }
}
```

代码 6-4

另外需要注意的是，将播放旋律的主体程序放在了 setup 而不是 loop 中。这样做是考虑到旋律只需要播放一次，如果需要循环播放，可以尝试将主体程序放入 loop 中（见代码 6-5）。

```
void loop() {
  // 本示例不重复播放旋律
}
```

代码 6-5

6.2 播放音乐

在上一小节中，主要介绍了蜂鸣器模块的使用方法，它可以播放用户自己编辑的旋律。如果想播放已有的旋律或者音乐作品，使用音乐模块进行操作更为便利。Arduino 的音乐模块上集成了 microUSB 接口、存储单元、控制芯片等元器件，它的使用方法也十分简单，只需要将音乐模块通过数据线连接到计算机，便可方便地向其中复制 MP3 格式的音乐文件。Arduino 可以根据专门设计的控制芯片实现信号传递，控制音乐的播放、暂停、切换等功能。

实验6-2：使用扬声器播放MP3音乐

在这个实验中，将使用 MP3 模块和扬声器播放音乐，并加上两个按钮来控制播放和暂停，制作一个简易的音乐播放器。

A. 实验流程

如图 6-8 所示，准备好实验所需器件。将音乐模块通过数据线连接到计算机，复制一段 MP3 格式的音乐文件到模块中。注意音乐文件不宜过大，需要使用数字或英文作为文件名。

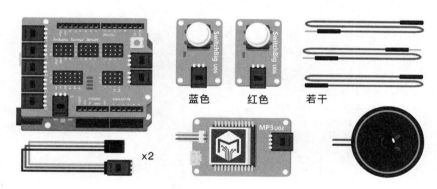

图 6-8　实验 6-2 所需器件

（第一排从左至右分别为 Arduino 主板、蓝色按钮、红色按钮、公杜邦线若干；第二排从左至右分别为三排线 ×2、音乐模块和扬声器）

如图 6-9 所示，将实验材料进行连接，并将扩展板安装到 Arduino 主板。使用三排线，将红色按钮连接到扩展板 8 号数字口，蓝色按钮连接到扩展板 9 号数字口。参考音乐模块背面的标注，使用杜邦线将音乐模块的 RX/TX/+/– 针分别与扩展板的 TX/RX/3V3/GND 口连接；音乐模块的 SP+/SP- 针分别与扬声器的红线 / 黑线连接。打开示例程序 6-Signal_Song，控制音乐模块需要用到一个自定义“库”——rh_mp3。在编译器中选择“项目→加载库→添加 .ZIP 库”来添加这个“库”。忘记什么是“库”的读者，可以找到前面第 3 章、第 4 章的内容进行复习。将 Arduino 与计算机连接，并编译上传程序。然后，便可使用红色按钮播放音乐，使用蓝色按钮暂停音乐。

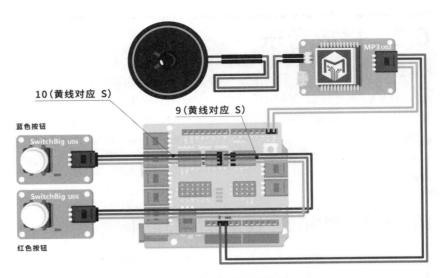

10（黄线对应 S）

9（黄线对应 S）

蓝色按钮

红色按钮

图 6-9　实验 6-2 线路连接示意

B. 实验解读

　　Arduino 是如何指挥音乐模块播放、暂停音乐的呢？下面来仔细分析下代码 6-6 的内容。首先，程序中包含了一个名为"rh_mp3.h"的头文件，它来自我们新添加的 rh_mp3 库。包含这个头文件以后，就可以利用 rh_mp3 库中预定义的一些函数，方便地控制音乐模块了。然后，将两个按钮模块分别连接到 8 号、9 号数字口，并分别用自然语言词汇 PLAY、PAUSE 标识，以方便接下来程序的编写与修改。

```
// 包含头文件rh_mp3.h
#include <rh_mp3.h>
// 将接收播放按钮信号的8号数字口标识为PLAY
#define PLAY 8
// 将接收暂停按钮信号的9号数字口标识为PAUSE
#define PAUSE 9
#define LED 13
// 初始化音乐模块
MP3 mp3 = MP3();
```

代码 6-6

　　如代码 6-7 所示，在 void setup( ) 中，首先使用了 mp3.begin( ) 函数对串行接口（简称串口）进行初始化。串口仅需要一对传输线，就可以实现双向的数据传输。在上面接线过程中提到的 TX、RX 口就是串口，其中 TX 口用于发送数据，RX 口用于接收数据。在这个实验中，就利用串口通信，在 Arduino 与音乐模块之间传输指令数据。mp3.begin( ) 函数内预置了必要的设置，只需要简单地使用它就可以完成串口的初始化了。

　　然后，使用 mp3.setVolume(num) 函数设置音量，num 的有效范围为 0 ~ 31，数字越大，音量越高；使用 pinMode(pin, mode) 函数分别设置两个按钮连接的数字口为输入模式。

```
void setup() {
    // 串口初始化
    mp3.begin();
    // 设置音量，范围0～31
    mp3.setVolume(15);
    // 设置相关数字口为输入模式
    pinMode(PLAY,INPUT);
    pinMode(PAUSE,INPUT);
}
```

代码 6-7

如代码 6-8 所示，在 void loop( ) 中，使用了 if else 语句，通过判断按钮是否按下，来播放或暂停音乐。需要注意的是，按钮的检测需要注意"防抖"，忘记相关概念的读者可以回到第 4 章进行复习。在按下播放按钮时，使用 mp3.play(num) 从头开始播放音乐。因为只复制了一首音乐，所以 num 设置为 1 即可。在按下暂停按钮时，使用 mp3.pause( ) 暂停音乐。

```
void loop() {
    // 如果播放按钮按下，则播放音乐
    if(digitalRead(PLAY))
    {
        delay(10);
        if(digitalRead(PLAY))
        {
            mp3.play(1);//播放
        }
        while(digitalRead(PLAY));

    }
    // 如果暂停按钮按下，则暂停音乐
    else if(digitalRead(PAUSE)){
        delay(10);
        if(digitalRead(PAUSE))
        {
            mp3.pause();//暂停
        }
        while(digitalRead(PAUSE));
    }
}
```

代码 6-8

if...else

if...else 语句是一种常见的控制代码执行的条件语句，比起之前提到的 if 语句，它拥有更好的控制能力，提供了不同的测试条件。如果 if 语句中的条件为 false，则将执行 else 语句（如果存在）。else 可以进行另一个 if 测试，以便可以同时运行多个互斥的测试。

简单的语法示例如下：

```
if (condition1) {
 // do Thing A
}
else if (condition2) {
 // do Thing B
}
else {
 // do Thing C
}
```

实验6-3：使用按钮控制音乐播放

在本实验中，将提升一点难度，介绍一下如何实现通过一个按钮来控制音乐的播放与暂停，通过另一个按钮来切换歌曲。比如，红色按钮负责控制音乐的暂停与播放，而蓝色按钮用于切换音乐。实验演示视频请参考视频 6-1，可扫码查看具体内容。

视频 6-1

A. 实验流程

如果接着使用实验 6-2 已连接的装置继续实验，请先将音乐模块与扩展板、扬声器断开，通过数据线将其再次连接到计算机，并选择复制两首音乐到模块中。

仍旧参照图 6-9，将音乐模块与扩展板、扬声器重新连接，按钮的接线位置不变。

打开示例程序 6-Multiple_Songs，因为控制音乐模块所需的自定义"库"在实验 6-2 中已经添加过了，不必再次添加。将 Arduino 与计算机连接，并编译上传程序。如前述操作设置正确，此时可使用红色按钮播放或暂停音乐，使用蓝色按钮切换音乐。

B. 实验解读

一个按钮如何能同时具备播放与暂停功能，又如何控制音乐的切换呢？下面来仔细分析一下代码 6-9 的内容。同样，代码中需要包含"rh_mp3.h"头文件，然后将连接按钮的 8 号、9 号数字口分别用自然语言词汇 PLAYnPAUSE、NEXT 标识，以方便接下来程序的编写与修改。接下来，分别定义并赋值了两个整数型变量。其中，stateFlag 用于标记是否正在播放音乐，songnum 则用于标记当前处在播放或暂停中的是第几首音乐。这两个标记具体是如何使用的，将在下面进行讲解。最后，使用构造函数 MP3() 对音乐模块进行初始化。

```
// 包含头文件rh_mp3.h
#include <rh_mp3.h>
// 将接收播放与暂停按钮信号的8号数字口标识为PLAYnPAUSE
#define PLAYnPAUSE 8
// 将接收切歌按钮信号的9号数字口标识为NEXT
#define NEXT 9
//
#define LED 13
// 定义标记音乐播放状态的变量
int stateFlag = 0;
// 定义标记当前音乐序号的变量
int songnum = 1;
// 初始化音乐模块
MP3 mp3 = MP3();
```

代码 6-9

如代码 6-10 所示，在 viod setup() 中出现了一个新的函数 mp3.playLoop()。使用这个函数，可以将音乐模块设为单曲循环模式。其余内容与上一个实验类似，不再赘述。

```
void setup() {
    mp3.begin(); //说明
    mp3.playLoop(); // 设置为单曲循环模式
    mp3.setVolume(15); //设置音量
    pinMode(LED,OUTPUT);
    // 设置相关数字口为输入模式
    pinMode(PLAYnPAUSE,INPUT);
    pinMode(NEXT,INPUT);
}
```

代码 6-10

如代码6-11所示，在void loop( )中，首先检测用于控制播放/暂停的按钮是否按下。在按钮按下的状态时，使用mp3.pause( )函数来暂停或继续播放当前音乐。同时用stateFlag来标记状态——播放中，标记为1；暂停时，标记为0。

```
void loop() {
    // 如果播放、暂停按钮按下，则根据当前状态播放或暂停音乐
    if(digitalRead(PLAYnPAUSE))
    {
        delay(10);
        if(digitalRead(PLAYnPAUSE))
        {
            if(stateFlag)
            {
              mp3.pause();    // 暂停播放
              stateFlag = 0; // 标记为暂停状态
            }
            else
            {
              mp3.pause();    // 继续播放
              stateFlag = 1; // 标记为播放状态
            }
        }
        while(digitalRead(PLAYnPAUSE));
    }
//viod loop()未完
```

代码 6-11

大家可以看到，在这里无论是播放还是暂停，调用的都是 pause( ) 函数，该函数会自行根据音乐状态，在播放时执行暂停功能，在暂停时执行播放功能，所以这段代码其实不用设置标记来判断状态，而可以直接调用 mp3.pause( )，按代码 6-12 所示的方式来写。

```
if(digitalRead(PLAYnPAUSE))
  {
     delay(10);
     if(digitalRead(PLAYnPAUSE))
     {
         mp3.pause(); // 继续播放或暂停
     }
```

代码 6-12

这里仍然自己设置标记变量来记录和判断音乐状态，目的是让读者理解播放与暂停作为两个不同的功能，并记录一个按钮的不同状态，并在不同的状态下调用不同的函数。

接下来，检测切歌按钮。如果当前正在播放音乐（stateFlag 值为 1），按下切歌按钮才切换音乐。这样可以避免音乐未播放时，误触切歌按钮而导致音乐开始播放。切换到哪一首音乐，则根据标记 songnum 的值确定。就本程序来说，如果当前播放的是第 1 首音乐（songnum 值为 1），则切换到第 2 首（songnum 值为 2）；反之亦然。此外，除了使用 mp3.play(num) 函数切换音乐，读者也可尝试使用 mp3.next( ) 函数和 mp3.last ( ) 函数来切换音乐（见代码 6-13）。

```
//接上
  // 如果切歌按钮按下并且当前正在播放音乐，则切换音乐：
  else if(digitalRead(NEXT) & stateFlag == 1){
      delay(10);
      if(digitalRead(NEXT))
      {
          // 若当前正播放第1首音乐，则切换到第2首：
          if(songnum == 1)
          {
            songnum = 2;  // 更改音乐序号标记为2
            mp3.play(songnum); // 或者使用 mp3.next()
          }
          // 若当前正播放第2首音乐，则切换到第1首：
          else
          {
            songnum = 1;  // 更改音乐序号标记为1
            mp3.play(songnum); // 或者使用 mp3.last()
          }
      }
      while(digitalRead(NEXT));
  }
}
```

代码 6-13

本章小结

在本章中，学习了如何借助蜂鸣器模块与音乐模块，赋予交互原型声音的输出与反馈。接下来，尝试回忆一下本章知识点，看看自己是否已经掌握。

■ Arduino可以使蜂鸣器以不同频率振动产生声音。结合乐理让蜂鸣器有节奏地按排列好的频率震动，发出调式音阶中的各个音，就可以创造简单的旋律。

■ 借助MP3库播放下载到存储卡中的音乐文件，并用按钮控制播放、暂停和选曲，实现了简易的音乐播放器功能。如果用充电宝给Arduino供电，就能得到一个自制随身听了。

■ 数组可以有序存放多个数值，通过"数组名[索引值]"来访问数组中对应的数值。索引值从0开始计数，最后一个值的索引为数组长度-1，不能访问超过数组长度的值。

■ 可定义的数组类型与变量相同，包括整型、浮点型、字符型等，数组被定义后表示该数组中存储的数值都为该类型。

■ 可以在软件内定义变量来记录内部状态，比如记录当前音乐是否正在播放，播放到第几首。

课后练习

1. 请读者利用蜂鸣器和按钮制作一个音乐门铃。要求如下：当按下按钮时，Arduino能播放一段门铃声，并且门铃声是由读者自己编写的。

2. 请读者尝试修改实验6-3的程序，删除标志stateFlag，利用getCurrentStatus（）函数读取播放状态，实现程序原有功能。如果觉得有难度，可以参考以下提示：将getCurrentStatus（）看作会自动设置状态的stateFlag，但不止记录播放/暂停，还多记录了一个停止状态。

Fun Tips

门铃简史

电子蜂鸣器是约瑟夫·亨利（Joseph Henry）于 1831 年发明的。到 20 世纪 30 年代初，大多数门铃都是响亮的电动蜂鸣器。带有悦耳音调的音乐钟声在 20 世纪 30 年代开始流行，然而"大萧条"和二战的爆发使得门铃的发展缓慢下来，直到 20 世纪 50 年代才再次流行起来。在 20 世纪 60 年代中期，装饰性和多功能门铃变得流行。从蜂鸣器到多功能门铃，这个小部件的设计变化呈现出了设计理念、装饰风格及技术进步，是研究设计史很好的切入点。

analogWrite （ledpin，fadevalue）

第 7 章

动起来

7

void setup （）

int buttonState

const int

int buttonState = 0

const int buttonPin = 2;

const int ledPin = 13;

　　莫霍利·纳吉（László Moholy-Nagy），著名的现代主义设计师、画家、摄影师，也是包豪斯的授课教授。他还有另外一个不为人所知的身份——动态艺术的开创者之一。1930 年，莫霍利·纳吉联合工程师与技术员创作了《电动舞台灯光道具》（*The Light Prop for an Electric Stage*）（见图 7-1），这件作品通过一系列精巧复杂的机械程序设计出变幻莫测的灯光效果，在当时引起了很大反响。这件作品成为动态雕塑的源头之一，而后续出现的动态艺术、灯光艺术、装置艺术及交互艺术都可以溯源至此，其最重要的特色就是"运动（movement）"，也是以莫霍利·纳吉为代表的设计师、艺术家的核心追求之一：将运动元素引入设计和艺术之中。

图 7-1　莫霍利·纳吉为电动舞台设计的灯光道具（1930）

　　从未来主义到交互设计，"运动"作为题材、形式、理念持续不断地在艺术与设计的发展历程中留下自己的印记，至今仍是重要的创作题目之一。"动起来"究竟可以给设计或者艺术带来什么？这个问题可以留给读者在实践中探索，本书将以深入浅出的方式带领大家解锁交互设计中的"运动"功能，显而易见的是，相比莫霍利·纳吉所处的时代，我们已经拥有了更为便捷的工具来操作物体的运动——电机。本章将依次讲解电机的原理与分类，并通过 4 个实验来展示不同电机的区别。

7.1 电机

电机（electric machine）又称电力机械，也称"马达"，是机械能与电能之间转换装置的通称，是指依靠电磁感应运行且具有能做相对运动部件的机械，可将电能转换成机械能或将机械能转换成电能的装置。它是一种最常见的执行器（Actuator），作为动力源被广泛地使用于机械装置或电子设备中。大至盖楼用的塔吊，小至儿时玩的四驱车，其核心执行器都是电机。

电机主要包括一个用以产生磁场的电磁铁绕组或分布的定子绕组和一个旋转电枢或转子，以及其他附件。在定子绕组旋转磁场的作用下，其在电枢鼠笼式铝框中有电流通过，并受磁场的作用而使其转动（见图 7-2）。

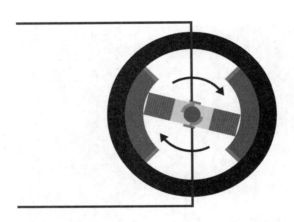

图 7-2　电机转动原理示意

按照驱动方式的不同，电机可以分为直流电机、步进电机、伺服电机等。

直流电机（DC motor）是将直流电能转换成机械能（直流电动机）或将机械能转换成直流电能（直流发电机）的旋转电机。它是能实现直流电能和机械能互相转换的电机。

步进电机（Stepper motor）是将电脉冲信号转变为角位移或线位移的开环控制元步进电机件。在非超载的情况下，电机的转速、停止的位置只取决于脉冲信号的频率和脉冲数，而不受负载变化的影响，当步进驱动器接收到一个脉冲信号时，它就驱动步进电机按设定的方向转动一个固定的角度。可以通过控制脉冲个数来控制角位移量，从而达到准确定位的目的；同时可以通过控制脉冲频率来控制电机转动的速度和加速度，从而达到调速的目的。

伺服电机（Servomotor，Servo）是自动控制系统广泛应用的一种执行元件。伺服（Servo）一词来自拉丁文"Servus"，本为奴隶（Slave）之意，这里指依照命令执行动作的意义。其作用是把接收的电信号转换为电动机转轴的角位移或角速度。按电流种类的不同，伺服电机可分为直流和交流两大类。可以在受控状态下非常准确地实现上位机所要求的位置、速度和转矩命令，是控制系统中复杂机械运动的必备原件。

执行器

执行器是将动力源和机械零件组合起来进行机械操作的装置，比如电机（电动机）就是其中的一种。使用执行器可以自由控制在操作时施加的力和速度、角度等，因此可以说，执行器在机电一体化中发挥着核心作用。

执行器通过电机和驱动机构（机械元件）的组合进行操作。执行器将电机的旋转力传递给驱动机构（见图 7-3），不仅可以转换为旋转运动，还可以转换成直线运动和螺旋运动等其他运动方式，因此可以用作多种装置的驱动源。

图 7-3　执行器原理示意

人们平时经常用到的舵机是一种位置（角度）伺服的驱动器，适用于那些需要角度不断变化并可以保持的闭环控制执行模块。舵机其实是一个简化版的伺服电机系统，它也是最常见的伺服电机系统。

以上介绍的 3 种电机是在 Arduino 中常用的电机类型，其主要特点及适用情况如表 7-1 所示。

表 7-1　常用电机对比

对比项目	直流电机	步进电机	舵机(0°～180°旋转)
旋转限制	无限制	无限制	0°～180°
旋转方向	顺时针、逆时针	顺时针、逆时针	顺时针、逆时针
旋转角度	难以精准控制	可以精准控制角度	在 0°～180°可以实现精准控制
旋转速度	可以控制快速程度，但难以精准控制速度	可以精准控制速度，以及加速和减速	可控，但可能卡顿
额外的硬件驱动	需要	需要	不需要，可通过 Arduino 针脚直接控制
额外的电源供应	需要	需要	需要
操作难度	较为简单，只需要高电压下的 PWM 信号即可控制	比较复杂，建议使用相应的库来操作	较为简单，只需 PWM 信号即可控制

在选择电机时，除了每种电机的特性，还需要考虑一些具体因素，如承载重量，电源等，总结来看，如果设计作品需要旋转到 0°～180°之间的角度位置，那么舵机是一个合适的选择；如果设计作品需要精确地旋转到任何位置，步进电机较为合适；如果设计作品需要精确地连续旋转，且没有任何位置要求，可以考虑直流电机或 360°伺服电机。

7.2　直流电机

在本节中，将学习直流电机的有关知识（直流电机模块见图 7-4），尤其是它的使用方法与注意事项。直流电机的电机转子从前端伸出一根转轴，后端有两个接触点用于通电（见图 7-5）。可以找到市面上常见的小型直流电机进行一个简单的通电测试，先试试直接将电机的两个接触点分别连接到电源正负极（3.3V），观察电机是否转动，然后断电，如果将正负极的连线调换一下，就会发现电机的转向与刚才正好相反。接好线后，就会发现电机会往与刚才相反的方向转动。为了方便观察转向，可以将扇叶片插在转轴上，通过观察扇叶片的转向来判断电子的转向。

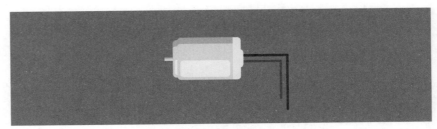

图 7-4　直流电机模块

图 7-5　直流电机线路图

与电源直接相连便可驱动电机，让它运转起来，但这种方式无法通过程序指令控制它的速度及方向。要控制电机的转向和速度，需要用到电机驱动模块配合 PWM 技术控制。下面通过实验 7-1 来认识一下它们。

实验7-1：控制电机的转速

在本实验中，将学习如何控制电机的旋转速度，这需要使用模拟输出加上电机驱动模块。同时，再加上一个按钮，让电机的转速随着按动按钮的次数而变化。

A. 实验流程

如图 7-7 所示，将不同的模块连接起来。请注意，本次实验要输出 PWM 信号到电机驱动板，接电机驱动板的针脚，要选择支持 PWM 输出的针脚。不同的 Arduino 主板对针脚的定义区别较大，但只需要记住一点：所有支持 PWM 输出的针脚在其数字编号前有一个 "~" 标记。将 Arduino 与计算机连接，烧录程序 7-1_DCMotor.ino。

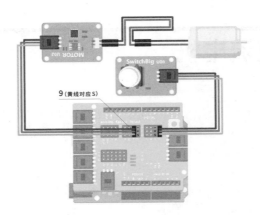

图 7-7　实验 7-1 线路连接示意

将程序编译上传后，电机会按照以下流程运行。

电机驱动模块

要控制电机，需要在它与电源间加入一个驱动电路，这个电路就是电机驱动模块。加入电机驱动后，可以通过程序指令改变电机转向。如图 7-6 所示，驱动模块的电路结构与字母 H 相似，故常称之为 "H 桥电路"。图中 1、2、3、4 的位置是 4 个三极管，可以想象成 4 个可被控制的开关：当 1、2 打开，3、4 闭合时，电流从左向右流经电机，电机正转；当 3、4 打开，1、2 闭合时，电流从右向左流经电机，电机反转。

图 7-6　驱动模块的电路原理示意

（1）通电后，电机保持静止。

（2）按下按钮，电机开始以低速转动。

（3）每按一次按钮，电机的转动速度呈现相应的增加。

（4）当电机超过指定速度时，转动速度降为 0，电机恢复状态"1"（即流程中的"1"环节），电机将进入下一个循环。

B. 实验解读

在本实验中，一个重要的问题是，如何通过 PWM 信号来控制电机的转速。下面来分析一下相关的代码内容。

如代码 7-1 所示，在代码的最前端，定义一个全局计数器，用来记录当前电机的速度，即当前 PWM 值。

```
int i=0;
```

代码 7-1

如代码 7-2 所示，analogWrite（pin, val）这条指令就是在 Arduino 中使用 PWM 输出的指令。其中 pin 是输出到驱动板的针脚编号，val 是 0 ～ 255 范围内的整数值，对应 0% ～ 100% 的占空比，即 0% ～ 100% 的输出电压。电机的转动速度受电压控制，在额定电压范围内，电压越低电机的转动速度就越慢，反之亦然。总结来说，通过控制 PWM 的输出信号来控制电压的变化，从而控制电机的转动速度。特别需要注意的是，在调用 analogWrite 函数时必须使用 PWM 端口，正如本书第 5 章提到的，PWM 可以看作是模拟输出，而 analogWrite 本质上也是模拟输出，因此必须使用 PWM 端口。其余功能的实行请参见代码 7-3 所示的内容。

```
void setup(){
    pinMode(PWM,OUTPUT);
    pinMode(KEY,INPUT);
    analogWrite(PWM,0); //将当前转速设置为0,修改0可让按钮上电后的初始速度改变
}
```

代码 7-2

```
void loop(){
    if(digitalRead(KEY)){
        delay(10);
        if(digitalRead(KEY)){
            Serial.println();
            i=i+10; //在现在速度基础上加10,修改10可改变每次变化的强度
            if(i>=130){ //当速度超过130时,重新设置速度,修改130可以提高电机转动上限,
            最大值为255
            i = 0; //重新设置速度为0,修改这个值,可以在超速后以此速度开始
            }
            analogWrite(PWM,i); //将新的速度赋予电机,有这句话才能让电机速度跟随i的值
            变化
        }
    while(digitalRead(KEY)); //按一次按钮只响应一次
    }
}
```

代码 7-3

函数 analogWrite()

此函数可以将模拟值（PWM 波）写入引脚，可以不同的亮度点亮 LED 或者以不同的速度驱动电机。在调用 analogWrite() 之后，该引脚将生成一个指定占空比的稳定矩形波，直到下一次在同一引脚上调用 analogWrite()（或调用 digitalRead() 或 digitalWrite()）。

句法：analogWrite (pin, value)

参数：

pin：要写入的 Arduino 针脚变化（整数类型）

value：占空比，介于 0（始终关闭）和 255（始终开启）之间（整数类型）。

电位器

电位器是一种三端子设备，带有一个可访问的电阻元件，可通过旋转轴上用户可设置的滑动臂实现分压功能（见图 7-8）。电位器已用于无数的模拟和混合信号电路，可以说，标准电位器是一个可由用户设置的带转轴可变电阻器。

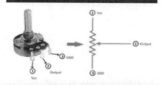

图 7-8　电位器工作原理

7.3 振动电机

在本节，将学习振动电机的有关知识（振动电机模块见图 7-9），尤其是它的不同振幅及相应的使用方法。振动电机在直流电机的基础上，在转轴前端加了一个偏心轮，使电机转动时重心会偏离中线，从而让电机传递出高频的振动。振动电机产生的振动有不同的振幅，低振幅时常用来传递信息，如手机的来电低振；与直流电机相似，当振幅剧烈时会让物体产生运动，它的控制方法跟直流电机相同。

图 7-9 振动电机模块

实验7-2：使用旋钮控制振动马达

在本实验中，将学习振动马达的强弱控制，其实振动马达的强弱原理与电机的转速控制相同，同样使用模拟输出和电机驱动板实现。本实验不同的是使用了旋钮的模拟输入控制振动马达的强弱，使振动平滑地变化，而不是在不同强弱档位间切换。

A. 实验流程

如图 7-10 所示，将不同的模块连接起来，将电位器两端通过模拟输入连接至 A0 及接地。将振动电机连接好电机驱动模块后，再接入至 Arduino 支持 PWM 的针脚上。将 Arduino 与计算机连接，同样烧录程序 7-1_DCMotor.ino。将程序编译上传后，拧动电位器，可让电机振动，振动幅度随电位器位置而变化。

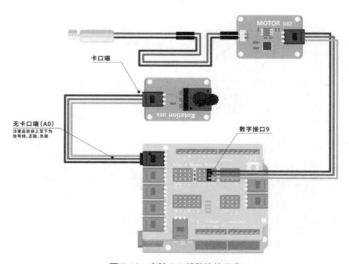

图 7-10 实验 7-2 线路连接示意

B. 实验解读

如代码 7-4 所示，通过旋钮动态调节振动电机的振动强度。在 loop 循环中，3 句核心代码的作用分别是：1. 从旋钮读数；2. 将旋钮的值映射到 PWM 的信号范围；3. 将映射后的值写给振动电机。

```
#define Potentiometer A0
#define Vibrator 9
void setup() {
    Serial.begin(9600);
    pinMode(Potentiometer,INPUT);
    pinMode(Vibrator,OUTPUT);
}

void loop() {
    int value = analogRead(Potentiometer);
    //读取旋钮输入
    value = map(value,0,1023,0,255);
    //将旋钮的输入值映射到驱动振动电机的PWM值
    Serial.println(value);
    analogWrite(Vibrator, value);
    delay(100);
}
```

代码 7-4

上面这段代码中，出现了一个新函数 map。其中 map( ) 中的 5 个参数分别代表：1. 用来映射的值；2. 映射源的最小值；3. 映射源的最大值；4. 映射目标的最小值；5. 映射目标的最大值。通过对 map 函数值的调控，可以实现对电机振动幅度的控制，如代码 7-5 所示。

```
//程序3-2.ino
int value = analogRead(Potentiometer);
value = map(value,0,1023,0,255);
analogWrite(Vibrator,value);
```

代码 7-5

函数 map( )

此函数的功能是将数值从一个范围重新映射到另一个范围。也就是说，fromLow 的值将映射到 toLow，fromHigh 的值映射到 toHigh，中间值映射到中间值等

句法：

map(value, fromLow, fromHigh, toLow, toHigh)

参数：

value：要映射的数值。

fromLow：值的当前范围的下限。

fromHigh：值的当前范围的上限。

toLow：值的目标范围的下限。

toHigh：值的目标范围的上限。

7.4　舵机

舵机属于伺服电机的一种，其内置一块驱动板，使运动控制的精准度有较大提升（舵机模块见图 7-11）。不同型号舵机的驱动范围也有所差异，本次用到的舵机能在 0°～ 180°范围内指定旋转的角度。接下来通过两个实验来学习一下。

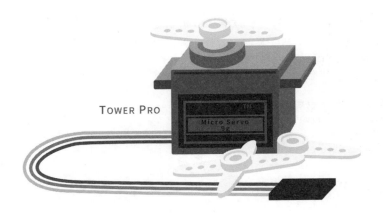

图 7-11　舵机模块

视频 7-1

实验7-3：控制一个舵机

在本实验中，将初次尝试控制舵机，让一个舵机按照指定的角度旋转。动态变化指定的角度可以让舵机持续转动，本次将指定角度在 0°～ 180°范围内来回变化，舵机也会在此范围内来回摇摆。实验演示视频请参考视频 7-1，可扫码查看具体内容。

A. 实验流程

如图 7-12 所示，将舵机的三根线分别连接到控制板上对应的针脚，褐线接地，红线接 5V，黄线接支持 PWM 的针脚，此处以针脚 9 为例。将 Arduino 与计算机连接，烧录程序 7-3_Sweep.ino。将程序编译上传后，舵机会在设定的范围内来回摆动。

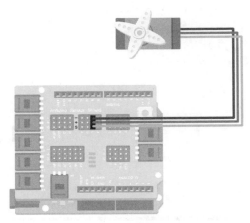

图 7-12　实验 7-3 线路连接示意

B. 实验解读

正确执行连接及代码后，舵机会在 0°～ 180°之间来回摆动。

舵机需要使用 Servo 库，故在开始时引用此库，并初始化一个 Servo 变量（见代码 7-6）。

```
#include <Servo.h>
Servo myservo
```

代码 7-6

如代码 7-7 所示，在 setup 中将舵机 PWM 线所接的针脚赋给 Servo 变量。

```
void setup() {
  myservo.attach(9);
}
```

代码 7-7

如代码 7-8 所示，loop 循环中有两个 for 循环，其作用是逐渐增加或减少角度值，然后使用 write( ) 函数将旋转角度传给舵机，舵机便会旋转到该角度。

```
void loop() {
  for (pos1 = 0; pos1 <= 180; pos1 += 1) {
    myservo.write(pos1);
    sleep(15);          //线程内延迟函数使用sleep，不能使用delay
  }
  for (pos1 = 180; pos1 >= 0; pos1 -= 1) {
    myservo.write(pos1);
    sleep(15);
  }
}
```

代码 7-8

实验7-4：控制两个舵机

视频 7-2

在本实验中，将学习同时控制两个舵机，让它们一起来回摇摆，并且两个舵机的转动范围和速度可以分开控制，这需要读者了解"伪多线程"的概念。实验演示视频请参考视频 7-2，可扫码查看具体内容。

Arduino 是单线程的，即一个时间只能做一件事情。在上文的代码中，loop 里面所包含的代码一定是从上到下执行完一遍，再从头开始循环。以实验 7-3 的代码为例，如果直接添加一个舵机，并将代码复制一份给新的舵机，产生的效果将是：原有舵机来回摆动一次后，新添加舵机再摆动一次。如果需要控制两个舵机同时摆动，要怎么办呢？一种思路是：不能使用长时间的 for 循环来完成动作，要将摆动这件事情进行细分并放到 loop 中交替进行。这样一来，loop 在一个舵机上只花很短的时间，便开始执行另一个舵机的动作，以毫秒（ms）为间隔在两个舵机之间来回执行动作，人眼难以识别其中的时间差，所以看起来就像两个舵机在同时运动。这其实就是多线程的基本思想。Arduino 开发板借助 SCoop 库可轻松实现多线程，更多内容可以前往 Github 查看。

在 Arduino IDE 中选择"项目 → 加载库 → 添加一个 .ZIP 库"，然后找到 SCoop.zip 文件，添加完成之后就可以使用了。

第一步，引用库文件

```
1 | #include "SCoop.h"
```

第二步，在 setup 函数里，调用 mySCoop.start( ) 命令

```
1 | void setup( ){
2 |     mySCoop.start( );
3 | }
```

第三步，在 loop 函数里，调用 yiedld( ) 命令

```
1 | void loop( ){
2 |     yield( );
3 | }
```

第四步，定义线程并实现具体的功能，有两种定义方式

（1）完整定义

定义一个名为"TaskOne"的任务

```
1 | defineTask(TaskOne);
2 | void TaskOne::setup( ){
3 |     // 初始化
4 | }
5 | void TaskOne::loop( ){
6 |     // 执行的任务
7 | }
```

（2）快速定义

如果线程中执行的动作不需要 setup，还可以使用 defineTaskLoop 快速定义的方式，代码如下：

```
1 | defineTaskLoop(Task Two ){
2 |     // 实现具体的功能
3 | }
```

A. 实验流程

如图 7-13 所示，将两个舵机与主板模块连接起来。将 Arduino 与计算机连接，烧录程序 7-4_doubleSweep2.ino。将程序编译上传后，两个舵机会以不同的速度同时来回摆动。

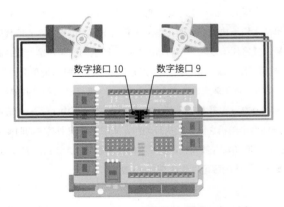

图 7-13　实验 7-4 线路连接示意

B. 实验解读

本实验通过"伪多线程"的思想，让单线程的 Arduino 同时控制两个舵机摆动。关于舵机的基础代码与 7-2 相同（见代码 7-9）。

```
#include <SCoop.h>
#include <Servo.h>

Servo servo1;
Servo servo2;

int pos1 = 0;
int pos2 = 0;

defineTask(TaskOne);        // 创建子线程1
defineTask(TaskTwo);        // 创建子线程2

void TaskOne::setup(){      // 线程1设定
  servo1.attach(9);
}
void TaskOne::loop(){       //线程1循环

  for (pos1 = 0; pos1 <= 180; pos1 += 1) {
    servo1.write(pos1);
    sleep(15);           //线程内延迟函数使用sleep, 不能使用delay
  }
  for (pos1 = 180; pos1 >= 0; pos1 -= 1) {
    servo1.write(pos1);
    sleep(15);
  }
}
void TaskTwo::setup(){      //线程2设定
  servo2.attach(10);
}
void TaskTwo::loop(){       //线程2循环
  for (pos2 = 0; pos2 <= 150; pos2 += 1) {
    servo2.write(pos2);
    sleep(5);
  }
  for (pos2 = 150; pos2 >= 0; pos2 -= 1) {
    servo2.write(pos2);
    sleep(5);
  }
}

void setup(){
  mySCoop.start();
}
void loop(){
  yield();
}
```

代码 7-9

本章小结

在本章中，学习了关于舵机的各种知识，能够让交互原型动起来。接下来，尝试回忆一下本章知识点，看看自己是否已经掌握。

■ 直流电机直接与电源相连，且电源在电机的工作电压范围内，电机就能转动。转动方向与电流方向相关。结合电机驱动板来控制转速和转向。

■ 振动电机的控制方式与直流电机相同，其转轴上的偏心轮让它转动时产生振动效果。

■ 舵机是一种低阶伺服电机，它在转动时会回传信号，所以能被精准控制转动角度。

■ Arduino虽然是单线程开发板，但可以通过伪多线程的方式让它同时做多件事情。以舵机摆臂为例，想让两个舵机同时摆臂，要将摆臂动作少量多次地进行循环，单次循环中给两个舵机的指令要几乎同时进行，一个舵机快速移动一次后立马移动另一个舵机。

■ 每个电机的功能特征有所不同，根据所要达到的目的来挑选相应的电机。

课后练习

1. 用按钮和舵机做一个拍一拍就会摆动的猫尾巴。要求：猫尾巴来回摆动，角度和速度带有一定的随机性。

2. 在实验7-2中，用按钮直接改变振动强度，变为按钮控制振动频率。

analogWrite（ledpin，fadevalue）

第 8　章

赋予感官 I

8

void setup （）

int buttonState

const int

int buttonState = 0

const int buttonPin = 2;

const int ledPin = 13;

  1986 年，四川德阳广汉市三星堆出土了一组青铜器，其中"商铜纵目面具"（见图 8-1）以其庞大的体积和奇特夸张的造型闻名于世。这尊面具上最为引人注目的就是突出的双目与展开的双耳造型，关于其含义及功能莫衷一是，一种观点认为，这是巫术崇拜之下对"看得更远，听得更多"超能力的祈求。可以说，不断拓宽对世界的感知范围一直是人类的追求，从指南车到生物遥感都在这一脉络上前行。得益于各式传感器的发明与应用，人的可感范围不断扩大，温度、湿度、声音、光线等都囊括其中，帮助人们重新理解事物之间的互动与对话。

图 8-1 商铜纵目面具（四川广汉三星堆博物馆藏）

  传感器如此重要，以至于和通信、计算机并称为现代信息科技的三大支柱。其应用范围十分广泛，在交互设计、交互艺术、装置艺术、机器人制作等领域都能见到它的身影。尤其是在交互设计领域，传感器的应用无疑让交互的范围与形式有了质的突破。

  传感器（Sensor）是用于侦测环境中所发生的事件或变化，并将此消息发送至其他电子设备（如中央处理器）的设备，通常由感测器件和转换器件组成。传感器既可以是一种物理设备，也可是生物器官，它能够探测、感受外界的信号、物理条件（如光、热、湿度）或化学组成（如烟雾）（见图 8-2），并将探知的信息传递给其他设备。

  传感器的作用是将一种能量转换成另一种能量形式，所以很多学者也用"换能器（Transducer）"来称呼"传感器（Sensor）"。本书第 5 章中讲到的按钮与旋钮也是一种输入元件，它们能响应用户对其按下和转动的动作。相比之下，本章介绍的传感器更加灵活，它能将特定物理量转化为电信号，以模拟信号数字化的方式传递给计算机。

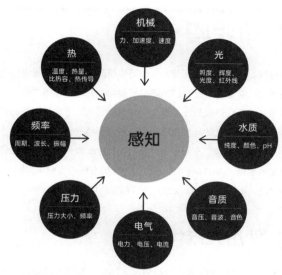

图 8-2　不同感知类型

　　在各种原型设计工具中，Arduino 与传感器的适配性很高，能够配合各种传感器，如超声波传感器、光敏电阻、温湿度传感器、声音传感器和酸碱度传感器等，将环境信息转化成信号配合设计所需。传感器种类众多，本章首先以感受光线、压力及温度变化的传感器作为开始，了解传感器的工作原理及应用方法，为后续掌握更复杂的传感器操作打好基础。

Fun Tips

　　2020 年 5 月 20 日，《自然》(*Nature*) 发布了一篇题为 *Nature a Biomimetic Eye with a Hemispherical Perovskite Nanowire Array Retina* 的研究文章，主要成果是由香港科技大学和 UC 伯克利联合研究的"采用仿生半球形视网膜结构的电子仿生眼 EC-EYE"，宣告全球首款 3D 人造眼的诞生。研究团队研发了一种 3D 立体人造视网膜，上面装有大量纳米线感光器，模拟人类视网膜中的感光细胞。团队以液态金属线模拟人类眼球后的神经线，于实验中将纳米线感光器连接到人造半球形视网膜后面一束束的金属光线，成功复制了视觉信号的传输，将电子眼所看到的影像投射到计算机屏幕上。由于纳米线感光器在人工视网膜的密度比人类视网膜中的感光细胞更高，如果将来每个纳米线感光器都能与视觉神经线连接，人工视网膜将能接收更多光信号，可以比人类视网膜具有更高解像度的潜力。如果使用不同的材料来提高感光器的敏感度及可视光谱范围，人造眼还可具有包括夜视等其他功能。

8.1 感知明暗

眼睛是视觉器官，通过视网膜细胞，人类可以感知到光线的强度与颜色。对于没有细胞配置的机械来说，如果要感受光线的明暗则需要借助光线传感器功能。光线传感器通常是指能敏锐感应紫外光到红外光的光能量，并将光能量转换成电信号的器件。作为一种传感装置，光线传感器主要由光敏元件组成，可以分为环境光传感器、红外光传感器、太阳光传感器、紫外光传感器 4 类，应用十分广泛。Arduino 套件中配有光线传感器模块，其核心部件是一个光敏电阻（photoresistor），位于模块左侧。光敏电阻的主要工作原理是，由于其材料的特殊性，阻值与光强成反比，光线越强，电阻越低。

实验8-1：使用光线传感器

在本实验中，将学习光线传感器的用法，通过光线影响传感器的输入值以控制 LED Bar 的亮度变化。

A. 实验流程

如图 8-3 所示，准备好实验所需的光敏电阻模块及其他材料。如图 8-4 所示，将不同的模块连接起来。光线传感器接模拟输入 A0，LED Bar 接 PWM 输出。将 Arduino 与计算机连接，烧录程序 8-1_AnalogSensor.ino。将程序编译上传后，可以尝试改变光敏电阻所处环境的光线强弱，例如，用手遮住光敏电阻，LED Bar 的灯条数量会随之下降，如果改用强光源照射光敏电阻，LED Bar 的灯条会随之亮满。

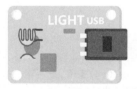

图 8-3　光敏电阻模块

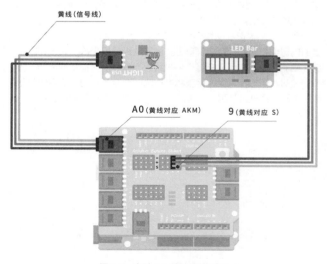

图 8-4　实验 8-1 线路连接示意

B. 实验解读

在本实验相应的代码中，有 3 个核心部分，在控制 LED 亮度中起到关键作用：1. 读取传感器数值；2. 将传感器输入数值映射到 PWM 输出；3. 将 PWM 值写入 LED 端口。具体可以参照代码 8-1 中的单句分析，每一行都起到了不同的作用。

```
//程序3-2.ino
sensorReading = analogRead(sensor);//读光线传感器原始值
ledLevel = map(sensorReading,0,800,0,255);//从输入范围映射到输出范围
Serial.println(ledLevel);//在串口监视器中查看映射后的值
analogWrite(PWM,ledLevel);//将值写给LED Bar
```

代码 8-1

特别需要提醒的是，代码中的 map( ) 函数的原始范围为 0 ~ 800，而不是 0 ~ 1023，主要原因是光线传感器很难接收到 800 以上的输入，即使使用手电筒强光照射，光线传感器的读数通常也止于 800。此外，代码中的第三行设置了串口监视器，用于观察输出值与对应 LED Bar 的变化。另一种写法是，将 Serial.println( ) 的参数改为 sensorReading，随时观察光线传感器的原始输出。

实验8-2：简单的"光通信"

视频 8-1

光线传感器不仅可以用来感知环境中的光线强弱变化，还可以用于交互原型之间进行互相感知。在本实验中，将学习一种被称为"光通信"的方法来实现两个 Arduino 间的相互感知，用 LED 灯板发出的强光作为信号源，在 Arduino 间通过光线传感器传递信息，本实验需要两组套件合作完成。光通信还可以拓展到两个以上的 Arduino 通信中。实验演示视频请参考视频 8-1，可扫码查看具体内容。

A. 实验流程

如图 8-5 所示，将两块 Arduino 板分别连接起来。数字针脚 9 接 LED Bar，数字针脚 10 接 LED 灯板，模拟针脚 A0 接光线传感器。需要注意的是，两块 Arduino 上发送通知的 LED 灯板与接收通知的光线传感器的放置位置，一块 LED 灯板与另一块光线传感器相邻放置，可相互倒扣或分开放置于小黑盒中。

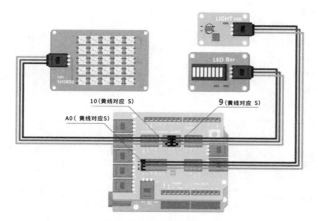

图 8-5 实验 8-2 线路连接示意

　　将两块 Arduino 分别与计算机连接并编译上传代码 8-2_LightCommunication.ino，代码 8-2 中的 state 变量的初始值一个设置为 UP，另一个设置为 WAIT，然后将程序烧录进两个 Arduino。程序编译上传后，state 为 UP 的 Arduino（下面称为 A1）先行动，而 state 为 WAIT 的 Arduino（下面称为 A2）则持续读取光传感器的值，等待 A1 发出行动结束的信号。A1 会在行动完成后进入 NOTIFY 状态，让 LED 灯板发出一次强光，此时 A2 感知到光源，转换状态开始后续行动，而 A1 通知完成后便进入 WAIT 状态，等待 A2 行动结束后给出通知信号。

```
#include <FastLED.h>
#include <stdlib.h>
#define NUM_LEDS 25 //可适当修改灯光亮度

#define UP 1
#define DOWN 2
#define WAIT 3
#define NOTIFY 4

CRGB leds[NUM_LEDS];

//A的初始状态为UP，B的初始状态为WAIT
int state = UP;
int value;

void setup() {
  pinMode(A0, INPUT);
  pinMode(9, OUTPUT);
  pinMode(10, OUTPUT);
  FastLED.addLeds<NEOPIXEL, 10>(leds, NUM_LEDS);
  for (int i = 0; i < 25; i++) {
    leds[i] = CRGB(0, 0, 0);
  }
  FastLED.show();
}

void loop() {
  switch (state) {
  //判断当前状态，若当前状态下满足了切换状态的条件，则切换至下一个状态
  case UP:
      ledUp();
      state = NOTIFY;
      break;
  case DOWN:
      ledDown();
      state = UP;
      break;
    case WAIT:
      if (isNotified()) {
        state = DOWN;
      }
      break;
    case NOTIFY:
      notify();
      state = WAIT;
```

代码 8-2

```
      break;
   }
}

void ledUp() {
  for (int i=0; i< 255; i+=25) {
    analogWrite(9, i);
    delay(500);
  }
```

代码 8-2 (续)

函数 Serial.println( )

函数 Serial.println( ) 与 Serial.print( ) 较为相似，Serial.print( ) 的作用是将数据作为人类可读的 ASCII 文本打印到串行端口，它可以输出各种类型的字符，如数字、浮点数及字节等。与之不同的是，Serial.println( ) 除了具有上述功能，在显示输出时会在字符后加上"回车符"（ASCII 13 或 "\r"）和"换行符"（ASCII 10 或 "\n"），更加清晰地显示输出值之间的间隔。

举例来说：
Serial.print (78) 返回 "78" // 数字型 //
Serial.print(1.23456) 返回 "1.23" // 浮点数型 //
Serial.print('N') 返回 "N" // 字节型 //
Serial.print("Hello world.") 返回 "Hello world." // 字节型 //

状态机

状态机一般是指有限状态机（finite-state machine，FSM），是表示有限个状态，以及在这些状态之间的转移和动作等行为的数学计算模型。状态机可以通过硬件或软件实现计算，可用于模拟时序逻辑和某些计算机程序。状态机作为一种数学模型应用广泛，数学、人工智能、游戏和语言学等领域都有其应用。它的基本原理可以用状态转移表来解释。

如图 8-6 所示，当前状态（B）和条件（Y）的组合指示出下一个状态（C），以此类推。

条件	当前状态 A	当前状态 B	当前状态 C
条件 X	……	……	……
条件 Y	……	状态 C	……
条件 Z	……	……	……

图 8-6　状态转移示意

在日常生活中，也能找到类似的例子，比如投币旋转门。

光线传感器

光线传感器是一种将检测到的光能（光子）转换为电能（电子）的光电器件。有几个用于描述光线强弱的单位经常与其共同出现，包括坎德拉（candela）、流明（lumen）及勒克斯（lux）。它们代表着对光线的不同测量及计算方法，具体来说：

坎德拉（candela）源于"蜡烛（candle）"一词，是发光强度的单位，国际单位制（SI）的7个基本单位之一。简称"坎"，符号cd。发光强度越高，对人们眼睛的敏感度越高。

流明（lumen）简称"流"，符号lm，是光通量的国际单位制导出单位，用于表示光源在单位时间内所发出可见光的总量。光通量体现了人眼对不同波长的光有着不同的灵敏度。

勒克斯（lux）简称"勒"，符号lx，是指落在特定表面上的总光量，它用于测量照度。

如图 8-7 所示，硬币投入旋转门后可以解锁，旋转门被推动后会再次锁定。硬币插入未锁定的旋转门或推动锁定的旋转门都不会改变其状态。

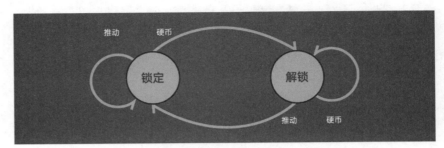

图 8-7　硬币与旋转门的状态切换

B. 实验解读

本实验的设计，十分巧妙地利用光源与光线传感器，将一个原型的输出作为另一个原型的输入，简洁高效地实现了多个交互原型之间的通信。下面来看看代码中值得注意的部分。

代码 8-3 使用了状态机的思路，在最初定义了 4 种状态，UP、DOWN 控制 LED Bar 的两段动作，WAIT 状态持续读取光线传感器的值，NOTIFY 状态点亮一次 LED 灯板发出信号。

```
#define UP 1
#define DOWN 2
#define WAIT 3
#define NOTIFY 4

int state = UP;//设置初始状态
```

代码 8-3

有了以上的状态条件，主循环将在 4 个状态间进行切换。

当程序运行处于 UP 状态时，程序以 500ms 为间隔，逐渐增加 PWM 的输出值，与此同时，LED 灯条的反应数也会随之上升，直至到达最大值，当灯条涨满后程序将切换至 NOTIFY 状态；当程序位于 NOTIFY 状态中的闪烁结束后，将切换至 WAIT 状态；WAIT 状态要等到下一次强光出现，才会切换至 DOWM 状态；当程序运行处于 DOWN 状态时，程序以 500ms 为间隔逐渐减少 PWM 的输出值，LED 灯条逐条减少，减至最小值后切换到 UP 状态；然后继续循环（见代码 8-4）。

```
void loop{
  switch (state) {
   case UP:
     ledUp();
     state = NOTIFY;
     break;
   case DOWN:
     ledDown();
     state = UP;
     break;
```

代码 8-4

```
        case WAIT:
          if (isNotified()) {
            state = DOWN;
          }
          break;
        case NOTIFY:
          notify();
          state = WAIT;
          break;
      }
      ...
    }
```

代码 8-4 (续)

本实验用"光通信"展示了一种在不同的 Arduino 主板间进行通信的新思路，即在不同状态下控制传感器和信号源来实现交互原型间的自动互动，而不需要使用 Wi-Fi 或蓝牙这种常见却更加复杂的通信模块。所以不只是光线传感器，其他传感器和信号源的搭配也可以达到同样的效果，如麦克风和扬声器、舵机和距离传感器。

8.2 感知冷暖

除了光线传感器，温度传感器也是一种较常使用的传感器。让计算机感知温度的方式较为多样，使用热敏电阻、热电偶或者红外都能基于不同原理探测到温度。要根据使用目的和目标温度范围来选择合适的温度传感器。

实验8-3: 使用温度传感器

在本实验中，将学习温度传感器的使用，通过它检测哈气带来的细微温度变化，控制 LED Bar 的亮度，实现一种吹亮灯条的互动效果。原理与光线传感器相同，但能引起传感器变化的物理值不同。可以使用与实验 8-1 相同的程序，将光线传感器模块换成温度传感器模块即可。温度传感器接模拟输入 A0，LED Bar 接 PWM 输出针脚 9。实验演示视频请参考视频 8-2，可扫码查看具体内容。

视频 8-2

A. 实验流程

如图 8-8 所示，将实验所需材料准备好。如图 8-9 所示，将不同的模块连接起来。将 Arduino 与计算机连接，打开程序 8-1_AnalogSensor.ino，修改 map 函数中的值。编译上传程序后，将温度传感器虚握在手中，向其呼气，LED Bar 的灯条数量会随之上升，停止呼气后 LED Bar 的灯条会缓慢下降。

图 8-8　温度传感器模块

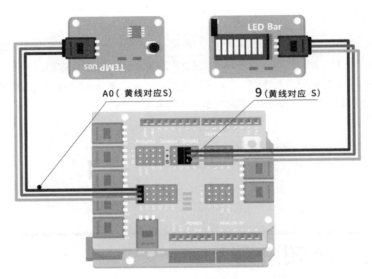

图 8-9　实验 8-3 线路连接示意

温度传感器

温度传感器是一种将热量转换为任何物理量（如机械能、压力和电信号等）的装置。温度传感器的输入始终是热量，一般来说是将热量转换成电量，通常用于温度和热流的测量（见图 8-10）。

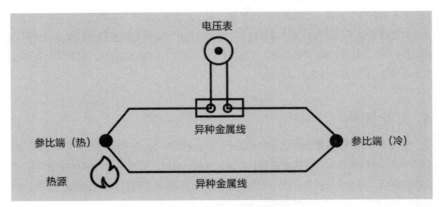

图 8-10　温度传感器工作原理

根据传感器的功能和结构，温度传感器一般可分为以下几类。

· 热敏电阻。

· 电阻温度计。

· 热电偶。

· 集成电路温度传感器。

热敏电阻（thermistor）是较为常见的元件，阻属可变电阻的一类。其工作原理是，电阻值随着温度的变化而改变，且体积随温度的变化较一般的固定电阻要大很多。热敏电阻器经常使用陶瓷或聚合物作为材料。热敏电阻器可以在有限的温度范围内实现较高的精度，通常是 −90℃～ 130℃。

B. 实验解读

在本实验中，使用了与实验 8-1 相同的代码，唯一改变的是 map( ) 函数中的参数（见代码 8-5）。当不确定一个模拟输入的取值范围时，可先将原始值（此处为 sensorReading 的值）显示到串口监视器，观察在不同条件下的数值，然后将其最大最小值作为输入范围写给 map( ) 函数的第 2、3 参数。通过这样的操作，就可以在映射给 PWM 后看到明显的变化。

```
//程序3-2.ino
sensorReading = analogRead(sensor); //读温度传感器原始值
int base_temp = 560;//根据sensorReading读到的基础室温适当修改此变量数值
ledLevel = map(sensorReading,base_temp, base_temp+40,0,255);//从输入范围映射到输出范围
Serial.println(ledLevel);//在串口监视器中查看映射后的值
analogWrite(PWM,ledLevel);//将值写给LED Bar
```

代码 8-5

8.3 感知触摸

人类的触觉是由皮肤中一个巨大的神经末梢和触觉感受器网络所控制的，这个网络被称为体感系统。这个系统负责控制所有的感觉——冷、热、光滑、粗糙、压力、痒、痛、振动等。感受压力感对于人类来说是自然而然的技能，但对于机器来说却并非易事，尤其是当对压力的精确提出较高要求时。在 Arduino 中配有压力传感器模块（见图 8-11），其核心元件为向左伸出的单点压力感应电阻，它是一种会随着压力增加而降低阻值的高分子柔性薄膜。利用压力传感器，可以通过直接触压的方式来操作物体的动作变化。

图 8-11　压力传感器模块

实验8-4：使用压力传感器

在本实验中，将学习压力传感器的使用。按压一个柔性表面的力度可以有多样的转化方式和应用场景，比如将传感器置于玩偶表面，检测到有人按压玩偶时让玩偶发出声音，或者放置多个压力传感器在椅子的不同位置，检测人的坐姿等。本实验提供一个简单的案例，将压力值与舵机转动同步，按压的力度和时长决定了舵机转动的角度和速度。轻按一下舵机也会轻微转动一下，用力长按舵机也会迅速转动到较大角度。

A. 实验流程

如图 8-12 所示，将不同的模块连接起来。传感器接 A0，舵机接针脚 9。将 Arduino 与计算机连接，烧录程序 8-4_ForcetoServo.ino。将程序编译上传后，按动压力传感器，舵机会随压力大小改变旋转角度（见代码 8-6）。

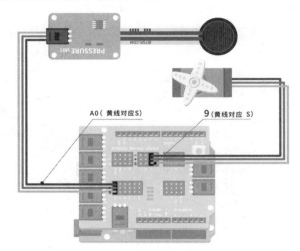

A0（黄线对应S）　　9（黄线对应 S）

图 8-12　实验 8-4 线路连接示意

```
#include <Servo.h>
#define FSR A0
Servo myservo

void setup() {
    Serial.begin(9600);
    pinMode(FSR,INPUT);
    myservo.attach(9);
    }

void loop() {
        int value = analogRead(FSR);
        //读取压力传感器的输入值
        value = map(value,0,762,0,180);
        //将压力传感器的值映射到舵机的传动角度
        Serial.println(value);
        myservo.write(pos);
        //写入舵机角度值，舵机转动
        delay(300);
}
```

代码 8-6

压力传感器

压力传感器是一种测量气体或液体压力的装置。压力表示阻止流体膨胀所需的力，通常以每单位面积的力表示。压力传感器通常会根据施加的压力生成信号，如电信号。

压力传感器可以根据它们感知压力变化的方法进行分类，比较常见的类型有应变式、压阻式、电容式、压电式、振频式，此外还有光电式、光纤式、超声式压力传感器等。

在此要特别介绍一下"薄膜式压力感应电阻"的工作原理（见图 8-13），它由聚酯薄膜、高导电材料和纳米级压力敏感材料组成，当感应区受压时，在底层彼此断开的线路会通过顶层的压敏层导通，端口的电阻输出值随着压力变化，压力越大，电阻越小。

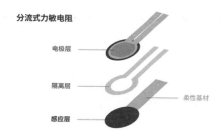

分流式力敏电阻

电极层

隔离层

柔性基材

感应层

图 8-13 薄膜式压力感应电阻分层结构

Fun Tips

触觉是人类的五感之一，且通常排在视觉、听觉、嗅觉、味觉之后。尤其是在艺术史中，视觉艺术占据主流地位，"看"是人们认识世界的首要方式。但其实触觉对于人们来说同样重要，在《圣经》中记录着这样一个故事，门徒多马在见到耶稣复活后难以相信，表示要摸到他的伤口才相信真有其事。16 世纪著名的意大利画家卡拉瓦全也将这一幕呈现在油画上，成为他最为知名的作品之一（见图 8-14）。多马需要"触摸"来验真，而卡拉瓦乔对绘画的处理达到了"触感级"的再现，触摸与感受一直都是人们最为直接的认识方法之一。

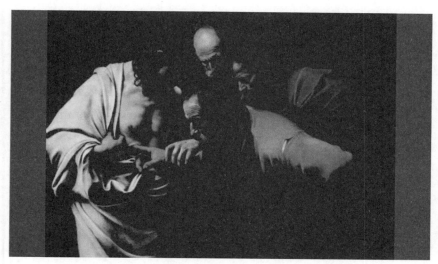

图 8-14 卡拉瓦乔，1600 年，《圣多马的怀疑》，油彩，107cm×146cm

在现代社会中，触觉在艺术与设计领域中有了更多样化的应用。从触觉艺术（Touch Art）、触觉计算到交互设计中的触觉感知，触觉的作用与意义正在被不断发现与转化。

B. 实验解读

在本实验中，其基本逻辑与实验 8-1 及实验 8-3 相同，只是将传感器替换为压力传感器，输出从 LED Bar 的视觉输出变成了舵机的动作。

本章小结

在本章中，读者了解了各种各样的传感器，以及它们的应用方法。接下来，尝试回忆一下本章知识点，看看自己是否已经掌握。

- 传感器是将物理量变为电子信号的输入元件，能让计算机感知到外部环境。每个传感器能读取特定类型的物理量，如本章介绍的光线、温度及压力等。
- 传感器从外部读取数据，进行特定处理后做出相应的输出，便完成了一个交互循环。
- Arduino从传感器读取的模拟输入理论上是0～1023范围内的连续值。拿到一个新传感器时，可以使用串口监视器了解传感器的实际传入范围，比如本章的光线传感器在白天的教室中，上限很难超过800。
- 可以利用传感器与信号源的配合，进行多个Arduino间的通信，如实验8-2介绍的光通信，将闪光信号作为指示另一主板状态切换的指令，由光线传感读取。

课后练习

1. 通过"光通信"的逻辑，尝试使用其他传感器实现Arduino之间的状态传递。
2. 用压力传感器来比一比谁的手劲更大。

analogWrite （ledpin，fadevalue）

第 9 章

赋予感官 II

9

void setup （）

int buttonState

const int

int buttonState = 0

const int buttonPin = 2;

const int ledPin = 13;

在第 8 章中，了解了如何通过传感器实现对光线、温度及压力的感知，人们对这些要素的感知是直接的，可以由人类身体的某种器官来完成。相比之下，有一些感知对象是相对抽象的，如相对距离、位置、方向等，即使是人体也需要进行联动的协调与运作才能实现。在本章中将继续学习传感器的有关知识，让计算机拥有感知这些抽象因素的能力，能够在物理空间明确自己的相对距离、坐标和位置。本章涉及的传感器应用技术更加复杂，与 InnoKit 的套件的基础模式匹配度不高，因此没有提供相应的配件。考虑到读者在交互设计实践中的需求，本章选择了一些常见的传感器模块，对其应用方法进行深入讲解，作为补充知识并结合第8 章的内容，共同构建起相对完整的传感器知识体系。

9.1 感知距离

人类如何判断自己与其他对象间的距离是一个复杂的问题，就目前已知的结论来看，大脑能够知道身体的活动半径，在此基础上，大脑为了估计相关距离使用了多种方法。其中之一是使用两只眼睛通过三维视觉进行深度感知，而这种 3D 深度感知由特殊的神经元处理。3D 神经细胞可以帮助人们看到 3 个维度，识别深度并使用该信息来计算距离，但大脑究竟是如何做到这一点的，并将空间划分为 "触手可及""近处""远处" 等类别，在很大程度上是未知的。对于机器来说，感知距离可以通过 "计算" 来解决，比如本节将要介绍的距离传感器，此类元件根据发射信号与返回信号的时间差来计算距离。根据收发信号的类型，距离传感器可分为声学距离传感器与光学距离传感器两种。距离传感器被广泛集成到各种智能系统中，如机器人避障、车身距离提醒及各种感应开关等。

在选择距离传感器时，注意不同型号模块间的测量范围、测量视角（FoV）及测量精度的差异，具体要参考设计要求与规范。下面选取激光测距模块（VL53L0X V2）为例进行讲解，该模块体积小巧、响应迅速，可在 2 米范围内以毫米级精度测量距离，能够满足大多数的情境需求，同时也便于整合到交互作品之中。

如表 9-1 所示，为了方便读者选择，对常见的 4 种距离传感器进行了比较。

表 9-1　各类距离传感器对比

类型	超声波传感器	红外距离传感器	激光距离传感器	LED 飞行时间距离传感器
适用于远距离传感	否	否	是	是
适用于复杂物体	否	是	是	是
造价成本	低	低	高	中
3D 成像兼容	否	否	是	是
常见应用领域	测距；机器人传感器；智能汽车；无人驾驶飞行器	电视、计算机；测距；安防系统，如监控、防盗报警器监视和控制应用程序	环境监测；林业、土地测绘；机器控制和安全；机器人成像与环境检测	工业应用；机器视觉；机器人学；人数统计；无人机
Arduino 相关模块	Grove – Ultrasonic Sensor: Improved version of the HC-SR04	Grove – 80cm Infrared Proximity Sensor	Mini LiDAR proximity sensor	Grove – Time of Flight Distance Sensor (VL53L0X)

距离传感器

顾名思义，距离传感器用于在不涉及任何物理接触的情况下确定一个物体与另一个物体或障碍物之间的距离。通常情况下，距离传感器经常与超声波传感器联合使用，通过测量输出信号与返回信号的"变化"来测算距离。变化可以是指：信号返回所需的时间、返回信号的强度或者返回信号的位置变化。

有一种名为"接近传感器（Proximity sensor）"的元器件与距离传感器有着相似的功能，相比较来说，接近传感器用于检测物体是否位于传感器设计的感应区域内，它不一定表示传感器与测量对象之间的距离。

距离传感器可以分为超声波传感器（Ultrasonic Sensor）、红外距离传感器（Infrared Distance Sensor）、激光距离传感器（Laser Distance Sensor）、LED 飞行时间距离传感器（LED Time-Of-Flight Distance Sensor）等不同类型，分别应用了不同的测量原理。

实验9-1：测距传感器应用——自动风扇

在本实验中，将学习测距传感器的使用方法，InnoKit 中没有提供测距模块，大家可自由选择可用的测距模块。本次将距离作为风扇开关，制作了一个靠近就转动，离开就停止的自动风扇。

A. 实验流程

如图 9-1 所示，准备好实验所需材料。如图 9-2 所示，将不同的模块连接起来。测距模块使用 I²C 连接，SCL 及 SDA 分别与 Arduino 的 SCL 及 SDA 相连，不同型号 Arduino 的 SCL 及 SDA 针脚位置不同，Leonardo 的 SCL 及 SDA 针脚在主板右上方、有同名标注，而 Uno 的 SDA 位于 A4、SCL 位于 A5，其他可查看针脚说明图以找到相应的位置。电机的连接方式参考第 7 章中所学的知识，经由驱动模块连接到控制板。

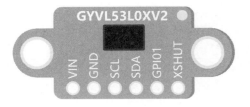

图 9-1　测距传感器模块

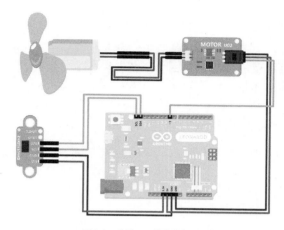

图 9-2　实验 9-1 线路连接示意

首先加载库文件，然后将 Arduino 与计算机连接，烧录程序 9-1_DistanceFan.ino。将程序编译上传后，用任意物体靠近距离传感器将会打开风扇，远离它则关闭风扇 (见代码 9-1)。

```
#include "Adafruit_VL53L0X.h"
#define PWM 9
int open_dist = 100;//mm
Adafruit_VL53L0X lox = Adafruit_VL53L0X();

void setup() {
  Serial.begin(115200);
  // 等待串口打开
  while (! Serial) {
    delay(1);
  }

  Serial.println("Adafruit VL53L0X test");
  //检查模块初始化是否成功
  if (!lox.begin()) {
    Serial.println(F("Failed to boot VL53L0X"));
    while (1);
  }
  //若初始化成功继续执行后续代码
  Serial.println(F("VL53L0X API Simple Ranging example\n\n"));
  //设置电机
  pinMode(PWM, OUTPUT);
  analogWrite(PWM, 0);
}

void loop() {
  VL53L0X_RangingMeasurementData_t measure;

  Serial.print("Reading a measurement... ");
  lox.rangingTest(&measure, false); // pass in 'true' to get debug data printout!
  if (measure.RangeStatus != 4) {   //读到正确数据时输出监测距离并控制电机旋转
    Serial.print("Distance (mm): "); Serial.println(measure.RangeMilliMeter);

    //若监测距离小于设定的转动距离，转动电机，若大于则停止电机
    if (measure.RangeMilliMeter < open_dist) {
```

代码 9-1

```
      analogWrite(PWM, 200);
    }
  }else {
//若读数不正常,输出提示并停止电机转动
    Serial.println("out of range");
    analogWrite(PWM,0);
    }

}
```

Fun Tips

"远望以取其势,近看以取其质。"——北宋画家郭熙在其画论著作《林泉高致》中提出了他对"距离"的看法,有观点认为,中国画中没有透视,形象呈现平面特征,缺乏对物体在空间中位置及形体的真实"再现"。然而,对"距离"的认知与感受并未缺席在中国绘画的延承之中,并且形成了一种独特的"距离观"。比如郭熙提出的"三远":山有三远:自山下而仰山巅,谓之高远;自山前而窥山后,谓之深远;自近山而望远山,谓之平远。又如,明代曹昭在《格古要论》中形容马远作品"全境不多,其小幅,或峭峰直上而不见其顶;或绝壁直下而不见其脚;或近山参天而远山则低;或孤舟泛月而一人独坐,此边角之景也"。

B. 实验解读

在本实验中,代码的主要目的在于:使用"库"的预置设定读取传感器所计算出的距离,并根据距离控制风扇运动 (见代码9-2)。

```
//程序9-1.ino
#include "Adafruit_VL53L0X.h"//引用头文件
#define PWM 9 //定义电机输出针脚
int open_dist = 100;//设置打开风扇的距离,以mm为单位
Adafruit_VL53L0X lox = Adafruit_VL53L0X();//初始化模块
```

代码 9-2

setup 中会检测模块初始化状态,若初始化失败会打印相应的信息,这时需要重新检测连线并重新上电 (见代码 9-3)。

```
void setup(){
...
    if (!lox.begin()) {
      Serial.println(F("Failed to boot VL53L0X"));
      while (1);
    }
...
  }
```

代码 9-3

loop 中读取距离值,并根据距离值改变电机状态 (见代码 9-4)。

```
void loop() {
  //定义测距变量
  VL53L0X_RangingMeasurementData_t measure;
...
  if (measure.RangeStatus != 4) {
   // 若正常读数
   Serial.print("Distance (mm): ");
   Serial.println(measure.RangeMilliMeter);//打印距离值

   if (measure.RangeMilliMeter < open_dist) {
   //距离小于所定义的"打开距离"时，向PWM针脚写入200，让电机转动
     analogWrite(PWM, 200);
   } else {
   //距离大于所定义的"打开距离"时，向PWM针脚写入0，让电机停止
     analogWrite(PWM, 0);
   }
  } else {
  //若读数不正常，打印提示并停止电机转动
   Serial.println(" out of range ");
   analogWrite(PWM, 0);
  }
...
}
```

代码 9-4

世界坐标系

世界坐标系 (WCS) 描述了一组坐标与另一组坐标之间的几何变换。一个常见的应用是将图像中的像素映射到天球上，另一个常见的应用是将像素映射到光谱中的波长，如天文图像的天空坐标 （RA 和 Dec、银河纬度和经度等）、光谱的波长标度或时间序列的时间尺度。世界坐标系最常使用的是标准三维笛卡儿坐标系 （见图 9-3)。笛卡儿坐标系是正交坐标系，其中 3 条坐标轴两两垂直，相交于一点。

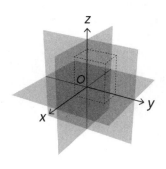

图 9-3　笛卡儿坐标系

具体到图像及建模领域，如 Matlab、AutoCAD 等软件中，世界坐标系可以用来确认每一个对象在具体场景的位置信息。

9.2　感知姿态

对姿态的感知也是人们在生活中经常发生的行为，对自己姿势的判断，对他人姿态的判断，甚至从姿势中解读含义，都是看似平常但其背后的原理极为复杂的行为与现象。本节由简入繁，先从简化版本的姿态感知入手学习，如倾斜传感器（tilt sensor）。倾斜传感器是产生随角运动而变化的电信号的装置，可以用于测量有限运动范围内的斜度和倾斜度。如图 9-4 所示，倾斜传感器模块左侧玻璃管中装配了一颗小球，传感器可以通过小球的位置变化来控制电路通断：小球会随着模块的左右倾斜在玻璃管中左右滑动，当它位于左侧时电路断开，输出为 0；当小球滑至右侧时电路连通，输出为 1024，由此感知当前的倾斜方向是向左还是向右。

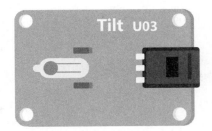

图 9-4　倾斜传感器模块

请注意，InnoKit 套件中的倾斜传感器仅有二元输出，相较常用的姿势传感器进行了简化，应用范围也因此受限。实际上，常见的姿态传感器可以更加精确地探测到物体在空间中 3 个轴向上的旋转角度及加速度，由此得到自身相对于世界坐标的姿态及运动状态。在需要知道自身与世界之间的相对关系时，姿态传感器是不可或缺的核心元件，它既可以用于无人机、无航器、机械云台等机械设备的控制，也可以用于 VR 头显、游戏手柄、手机、智能手表等电子设备中，使得应用设备的交互自然度及娱乐性都大幅提升。

姿态传感器可根据集成的基础传感器及算法分为三轴、六轴及九轴。三轴姿态传感器只集成了三轴加速度计，可计算出两轴的角度；六轴姿态传感器集成了三轴加速度计与三轴角速度计，可计算出三轴的角度，但基于积分算法，Z 轴会有累积误差；九轴姿态传感器在六轴姿态传感器的基础上集成了磁力传感器，可用于矫正六轴的误差，但会受到磁场影响，所以使用时不能靠近磁铁。

本节的拓展实验选用的是三轴姿态传感器，能通过加速度计算出绕 XY 两轴的偏移角度。三轴姿态传感器的品牌选择没有限制，读者可自行选择。

实验9-2：倾斜传感器应用——手势切歌

在本实验中，将利用 InnoKit 套件中的倾斜传感器模块实现"手势切歌"的交互功能，结合第 6 章的 MP3 播放器实验，将切歌的功能转移到手势控制。把传感器固定到手上就能用作姿态监测，姿态判断与传感器数值变化的关系可以自定义，此处将左右摇摆一次手掌的动作作为需要判断的姿态，若监测到该姿态便会切到下一首歌。

A. 实验流程

如图 9-5 所示，准备好实验所需材料。如图 9-6 所示，将不同的模块连接起来。传感器接 A0，MP3 模块正常接入电源与 RX\TX。倾斜传感器按图中方向固定在手背上。将 Arduino 与计算机连接，烧录程序 9-2_TiltGesture.ino。将程序编译上传后，开始播放第一首歌曲，每成功做出一次切歌手势便切入下一首歌曲（见代码 9-5）。

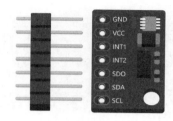

图 9-5　三轴姿态传感器模块

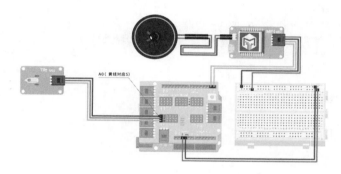

图 9-6　实验 9-2 线路连接示意

姿态传感器

姿态传感器是一种能感受物体姿态（轴线对重力坐标系的空间位置）并转换成可用输出信号的传感器。对于在三维空间里的一个参考系，任何坐标系的取向都可以用 3 个欧拉角来表现（见图 9-7）。一个有固定点的物体通过绕该点的某个轴转过特定角度可以达到任何姿态。姿态传感器通过多个传感器组合，通常包含三轴陀螺仪、三轴加速度计、三轴电子罗盘等运动传感器，通过内嵌的低功耗处理器得到经过温度补偿的三维姿态与方位等数据。

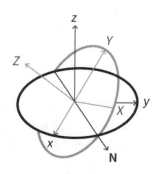

图 9-7　姿态传感器原理

```
#include <rh_mp3.h>
#define TILT A0

MP3 mp3 = MP3();     //实例化一个MP3对象
unsigned long myTimer = 0; //记录状态保持时间
int max_time = 500; //milliseconds

void setup() {
  mp3.begin();   //初始化串口
  mp3.setVolume(20);
  mp3.play(1); //播放指定音乐
  pinMode(TILT, INPUT);
}

void loop() {
  int t = analogRead(TILT);
  if (t == 0 && myTimer == 0) {
    //刚从右倾变为左倾，开始计时
    myTimer = millis();
  } else if (t == 1 && myTimer > 0) {
    //刚从左倾变为右倾，计时停止，判断是否满足切歌手势条件
    if (millis() - myTimer < max_time) {
      mp3.next();
    }
    myTimer = 0;
  }
  delay(10);
}
```

代码 9-5

B. 实验解读

在本实验中，利用倾斜传感器对左右姿势变化进行判断，预先设计了"先左后右"的摇摆手势，并加上时间限制来区别"切歌手势"与日常手部动作的改变。本实验采用预先设置的手势来控制歌曲的切换，当传感器成功识别手势后，Arduino 会切换到下一首歌。

需要定义一个计时器变量 myTimer，来记录每次从右倾状态变为左倾时的时间值，再定义一个以毫秒为单位的时间限制变量 max_time，在此时间范围内完成先左后右的摇摆手势才算成功。若觉得手势难以被识别，可适当增大此变量的赋值（见代码 9-6）。

```
//程序3-2.ino
unsigned long myTimer = 0; //记录变为左倾状态时的系统时间
int max_time = 500;        //设置完成手势的时间限制，以ms为单位
```

代码 9-6

如代码 9-7 所示，loop 循环中首先读取传感器数值，与计时器数值结合，判断是否为刚刚变化为当前的倾斜状态，若是持续处于当前状态则不做任何反应。在刚变化为左倾状态时使用 millis( ) 函数将当前系统时间存入计时器变量，在刚变化为右倾状态时与设置的时间限制作比较，看是否在时间限制内完成左右倾斜变化。

```
void loop() {
  int t = analogRead(TILT);
  if (t == 0 && myTimer == 0) {
    //刚从右倾变为左倾，给计时器赋值
    myTimer = millis();
  } else if (t == 1 && myTimer > 0) {
    //刚从左倾变为右倾，判断是否超过时限
    if (millis() - myTimer < max_time) {
    //没超过时限，手势识别成功，切歌
      mp3.next();
    }
    //判断结束后重置计时器
    myTimer = 0;
  }
  ...
}
```

代码 9-7

实验9-3：姿态传感器应用——听声辨位小游戏

在本实验中，将学习能输出模拟值的姿态传感器，连续的模拟值能实现更精确的姿态识别，比如能知道现在的一个空间偏转角度。基于此特性来实现一个听声辨位射击小游戏：将姿态传感器与按钮固定在一个小盒上，小盒作为射击武器握在手中，手持小盒在空间中寻找目标，准心与目标间隔的距离会由声音引导，越接近目标声音越大，进入射击范围时音效改变，此时按下按钮射击。若击中则播放成功音效，若脱靶则播放失败音效。

millis( ) 函数

millis( ) 函数使用户能够访问计时器/计数器一直跟踪的运行计数。调用 millis( ) 函数时，它以毫秒为单位返回定时器/计数器的当前值。换句话说，函数 millis( ) 返回的值是自程序运行以来Arduino的开机时长。

可以直接在条件中使用 millis( ) 函数。当评估该条件时，millis( ) 函数会检查计时器/计数器，然后返回当前计数（以毫秒为单位），并在每次检查此条件时动态更新。

语法：
time = millis( )
返回值：自程序启动以来经过的毫秒数。

A. 实验流程

本实验选用 DFRobot 的三轴姿态传感器（ADXL345 姿态传感模块，见图 9-8），选择其他厂商模块的读者请按照官方说明接线，成功读取模块数据后与本实验代码相结合。如图 9-9 所示，将不同的模块连接起来，姿态传感器按照 I2C 的接线方式，SCL、SDA 分别与 Arduino Leonardo 的 SCL、SDA 相连，在 Uno 中该针脚对应 A5、A4，其他类型的 Arduino 控制板可能对应不同的针脚，请确认自己控制板的型号及其针脚说明。CS 与

VCC 接 5V，GND 与 SDD 接 GND。按钮与 MP3 模块分别通过数字输入 4、TX 和 RX 与控制板连接。

图 9-8　DFRobot 的 ADXL345 姿态传感器模块

图 9-9　实验 9-3 线路连接示意

　　按钮正常接入电源和数字针脚 4，MP3 模块正常接入电源与 RX、TX。将 Arduino 与计算机连接，烧录程序 9-3_ShootingSound.ino。将程序编译上传后，打开串口显示器，转动姿态传感器观察输入值的变化。

B. 实验解读

　　在本实验中，使用的三轴姿态传感器提供了 *XY* 两轴的角偏移量计算代码，下面一段就是读取模块原始数据，并通过原始的三轴加速度计算 roll、pitch 两轴偏移角度（见代码 9-8）。

```
//程序3-2.ino
readFrom(DEVICE, regAddress, TO_READ, buff); //从传感器读取原始数据到buff中
x = (((int)buff[1]) << 8) | buff[0];            //取X轴加速度值
y = (((int)buff[3]) << 8) | buff[2];            //取Y轴加速度值
z = (((int)buff[5]) << 8) | buff[4];            //取Z轴加速度值
RP_calculate();                                 //计算偏角
```

代码 9-8

代码 9-9 所示的内容为游戏部分的代码，目标有自己的 roll、pitch 值，每次将新读到的传感器角度值与其对比，在锁定范围外时，离目标越近，瞄准音效越大，近至锁定范围后，便改变音效表示已锁定目标，可以按下按钮射击。击中后更新目标位置。

```
float diff_p = target_pitch - pitch;
float diff_r = target_roll - roll;
if (abs(diff_p) < 5 && abs(diff_r) < 5) {
  mp3.setVolume(31);
  mp3.play(2); //瞄准目标
  checkButton(true);
} else {
  int vol = map(abs(diff_p + diff_r), 5, 250, 31, 0); //根据瞄准角度和目标间的
偏差计算音量大小
  mp3.setVolume(vol);
  checkButton(false);
}
```

代码 9-9

检查按钮是否被按下，根据有无击中目标作出相应的音效变化，若击中则设置新的目标位置（见代码 9-10）。

```
void checkButton(bool hit) {
  if (digitalRead(button_pin)) {
    if (hit){
      mp3.play(3);
      target_roll = random(-90, 90); //重置目标roll值
      target_pitch = random(-90, 90);//重置目标pitch值
    }
    else
      mp3.play(4);//out of target
    delay(1000);//wait untill the sound effect over.
    mp3.pause();
    while (digitalRead(button_pin)));
    mp3.play(1);
  }
}
```

代码 9-10

霍尔效应

1879 年，霍尔（E. C. Hall）首先观察到，当把一个载流导体薄片放到磁场中时，如果磁场方向垂直于薄片平面，则在薄片的上、下两侧面会出现微弱的电势差，这一现象称为霍尔效应（Hall effect），此电势差称为霍尔电势差。

霍尔效应描述的现象（见图 9-10）是：当电流垂直于磁场通过导体时，电流中的正粒子、负粒子在磁场的作用下会发生相反方向的偏转，最终落到导体的两侧，随着正负电子在导体两侧逐渐累积，导体的两端就会产生电势差。

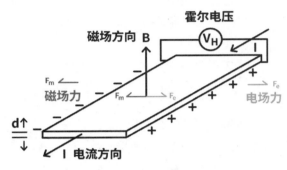

图 9-10　霍尔效应示意

9.3　感知磁场

不同于距离及姿态，磁场是一种完全不可见的感知因素。本书主要介绍干簧管磁传感器及霍尔传感器（见图 9-11）。干簧管又称磁簧开关，由两片密封在玻璃管内的磁簧片组成，磁簧片的前端相隔一条缝隙，会受外来磁场的影响而贴合连通，所以在磁铁吸附到元件上时连通电路，传感器取值为 1，磁铁拿开后电路闭合，传感器取值为 0。霍尔传感器则是根据霍尔效应将磁场能转化为电场能，以此来感应磁铁。干簧管磁传感器及霍尔传感器都会受附近的磁场所影响，从而产生电路通断现象。但由于发生原理不同，它们的探测范围和拓展性也有所差异。InnoKit 套件中自带的是以干簧管为基础的磁传感器。

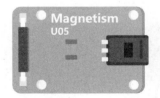 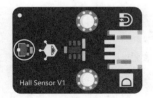

图 9-11　左：干簧管磁传感器；右：霍尔传感器

视频 9-1

实验9-4：霍尔传感器应用——投币挥手招财猫

在这个实验，将学习霍尔传感器，将磁铁制作成一个"硬币"，当它被投入内置霍尔传感器的塞钱箱时，守着塞钱箱的招财猫便会挥手（见图 9-12）。实验演示视频请参考视频 9-1，可扫码查看具体内容。

图 9-12 《投币挥手招财猫》

A. 实验流程

如图 9-13 所示，将不同的模块连接起来。用纸制作一个小盒子，盒子的中心空间要留出空间，然后将干簧管磁传感器放入制作好的盒子里。准备好招财猫的剪影，将舵机贴在招财猫的剪影上，为保证招财猫的手臂动作，其手臂部分需要剪开并贴在舵机壁上。当磁铁放入盒子后，手臂开始挥动，取出后则停止挥动（见代码 9-11）。

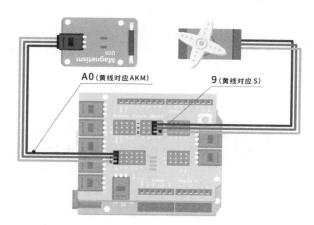

图 9-13 实验 9-4 线路连接示意

```
#include<Servo.h>
#define MagPin A0
Servo myServo;
int count = 0;
int speed = 5;
void setup() {
  Serial.begin(9600);
  myServo.attach(9);
}
void loop() {
  int mag = analogRead(MagPin);
  if (mag > 500) {
    //若磁铁接触到传感器，则开始更新角度，让舵机旋转
    count+=speed;
    count %= 360;
    int degree = 30+sin(radians(count)) * 30;
    Serial.println(degree);
    myServo.write(degree);
  }
  delay(50);
}
```

代码 9-11

视频 9-2

在这个实验中，通过一些手工增加了实验的趣味性，而它的代码和硬件部分都较为简单。程序中值得注意的是，为了使招财猫的手晃动得更加自然，使用了三角函数平滑舵机往复运动。下面将对检测到磁铁时的运动方式进行详细讲解。

如代码 9-12 所示，count 用来计算一个周期的 Sin 值，在 0°～ 360°的范围处于持续递增的状态。speed 是递增的速度，修改它能改变手臂晃动的速度。由于 Sin 函数的取值范围是 −1 ～ 1，所以乘以 90 让舵机在前后 90°范围内晃动，若觉得幅度过大，可修改为 45°等不同角度。因 Arduino 中的 Sin( ) 函数以弧度制处理输入参数，所以此处使用 radians( ) 函数将 count 值从角度制变为弧度制，再作为 Sin( ) 的参数传入。

```
//程序3-2.ino
int count = 0;    //当前状态
int speed = 5;    //状态改变速度
...
void loop(){
...
if(mag>500){      //检测到磁铁
    count+=speed;//状态递增
    count %= 360; //在0°～360°范围递增
    int degree = 30+sin(radians(count)) * 30; //利用sin在0~60°范围内平滑运动
    ...
    }
}
```

代码 9-12

实验9-5：传感器综合应用——任性垃圾桶

在这个实验中，将综合多个硬件模块来制作一个任性垃圾桶（见图 9-14）：只让扔进自己"喜欢"的东西，不喜欢的东西（带磁铁的）通通弹开。光线传感器和霍尔传感器的结合可以判断扔来的东西是不是垃圾桶"喜欢"的，舵机将会根据判断结果控制垃圾桶盖实施相应动作——向上竖起垃圾桶盖以弹开物体，或向下打开垃圾桶盖以接收物体。实验演示视频请参考视频 9-2，可扫码查看具体内容。

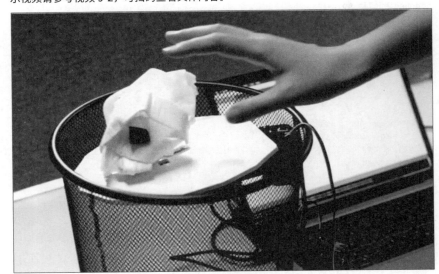

图 9-14　任性垃圾桶

A. 实验流程

　　如图 9-15 所示，将不同的模块连接起来。制作一个盒子，上盖做成可开合的，使用舵机控制开合。

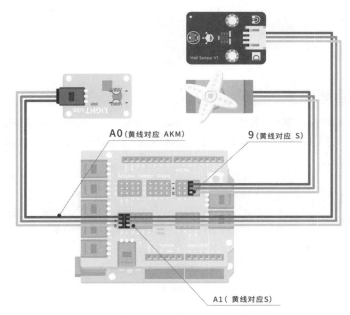

A0 (黄线对应 AKM)　　9 (黄线对应 S)

A1 (黄线对应S)

图 9-15　实验 9-5 线路连接示意

　　将 Arduino 与计算机连接，烧录程序 9-5_TrashCan.ino。将程序编译上传后，垃圾桶处于关闭状态，通过光线传感器配合检测有无物体被放置到上盖。若有物体且里面没磁铁，则向下打开盒子让物体落进盒子；若物体里面有磁铁，则向上弹开物体（见代码 9-13）。

```
#include <Servo.h>
#define LightPin A0
#define HallPin A1
Servo myServo;

void setup() {
  myServo.attach(5);
  Serial.begin(9600);
  myServo.write(90);
}

void loop() {
  int Light=analogRead(LightPin);
  int Hall=analogRead(HallPin);
  Serial.println(Light);
  if (Light<400){
    //若光线传感器被遮盖，则开始判断盖上的物品中是否有磁铁
    delay(1000);
    if(Hall>0){              //有磁铁弹起上盖
      myServo.write(0);      //舵机向上旋转
      delay(3000);
    }
    else {                   //无磁铁向下开盖，让物品进入
```

代码 9-13

121

```
      myServo.write(180);  //舵机向下旋转
      delay(5000);
    }
  myServo.write(90);        //上盖关闭
  delay(1000);
  }
}
```

代码 9-13（续）

B. 实验解读

在本实验中，改装了垃圾桶，通过两个传感器的配合使一个普通垃圾桶选择性地接收垃圾。如代码 9-14 所示，在 setup( ) 函数中初始化舵机并将其转动 90°，使垃圾桶的盖子处于闭合状态。

```
void setup() {
  myServo.attach(5);  //舵机接在5号针脚
  ...
  myServo.write(90);  //舵机转至90°
}
```

代码 9-14

如代码 9-15 所示，读取光线传感器数值，数值过小则表示传感器表面有物体置于垃圾桶盖面，此时进一步判断该物体内部有无磁铁，有则弹起垃圾桶盖，无则放下垃圾桶盖。

```
//程序3-2.ino
void loop() {
...
  if (Light<400){//若有物体放置在盖上
    delay(1000);
    if(Hall>0){//若物体中有磁铁
      myServo.write(0);//上盖上弹
      delay(3000);

    }
    else {//若物体没有磁铁
      myServo.write(180);//上盖放下
      delay(5000);
    }
  myServo.write(90);//上盖关闭
  delay(1000);
  }
}
```

代码 9-15

灵活运用传感器与驱动器，能实现各种意想不到的效果。本章作为模块介绍的最后一章，引入招财猫、垃圾桶等与手工结合的案例，希望能激发读者对套件的思考，打开脑洞，开始创作自己的交互作品。比如距离传感器虽然只有检测远近的功能，但当围绕一个屏幕放置多个距离传感器时，它可以计算出一个实物在屏幕内的平面坐标，将普通屏幕变成可触控交互的屏幕。其核心就是将复杂的检测对象转化为基础的距离、方向等关系。

本章小结

　　在本章中，进一步对传感器的用法进行了学习。接下来，尝试回忆一下本章知识点，看看自己是否已经掌握。

■ 距离传感器可以判断物体与传感器之间的直线或空间距离。
■ 将姿态传感器附着在不同物体上，能计算出该物体在三维空间中的朝向。
■ 磁传感器能感应磁场，甚至能感应磁场方向。
■ 本章介绍了3类传感器中的基础级模块，进阶级模块及用法可由读者课后拓展。

课后练习

1. 试试将实验9-3中的静态目标改成动态的，如果在瞄准的过程中目标也会四处移动，游戏趣味性会更进一步。

2. 实验9-4中的招财猫在磁铁拿起后会立刻停止，能让它在手臂回归垂直状态的那一刻停止吗？

analogWrite（ledpin，fadevalue）

第 10 章

走向 实践：

交互设计项目的策划与流程

void setup（）   int buttonState

10

const int

int buttonState = 0

const int buttonPin = 2;

const int ledPin = 13;

在完成了本书前置章节的学习后，相信读者已经掌握了一定的设计思路与实操方法，或许已经迫不及待地要开始着手设计制作自己的交互作品。然而，正如第一章中所说，交互原型设计的一大特点就是其"物理计算"，涵盖交互作品从设计到实现的各个重要环节，不仅包括作品代码的撰写、硬件的组合，也要考虑诸如流程管理、模型制作、实验与调试等多个环节。可以说，每一个优秀交互原型的诞生都离不开完善合理的项目策划与流程，它直接关系着作品最终的呈现效果与完成度。

交互原型的设计并没有固定模式，它是高度灵活而自由的，交互原型的项目流程还取决于项目本身的定位与特点。以主题来说，有些项目具有明确的主题，项目的流程与设计都围绕主题展开，对主题的阐释与展示是整个项目的基础；有些项目则缺乏相对清晰的主题与内容，可能是为某些闪现的灵感、有趣的想法或者新技术的应用而服务的，并不设有叙事性。以交互场景为例，"虚拟世界""现实世界"中的交互及两者的连接程度，对交互项目的流程管理提出了不尽相同的需求。

举例来说，作品《制作你的智能植物》（*Make Your Plant SMART!*）（见图 10-1）以 Arduino 为实现工具，设计了一种可以显示植物土壤湿度的显示装置。该作品的灵感来自 Arduino 传感器，并以实现湿度可视化为主要目标，项目流程主要包括线路图设计、元件搭配，以及代码编写与上传，整个流程以单线前进，是较为常见的以 Arduino 为实施基础的项目流程。

图 10-1 《制作你的智能植物》，作者：萨伊德·奥法特（Saeed Olfat），2019 年

相比之下，含有主题性、叙事性及多线任务的交互项目更为复杂，对项目流程提出了更高的要求，为此，本书选取《博物馆奇妙夜》这件精彩的作品进行分析，具体展现如何完整落地一个交互原型项目。

《博物馆奇妙夜》为清华大学美术学院《交互技术 1》的课程作业（图 10-2 所示为部分设计草图）。同学们选择以"博物馆"为主题进行创作，并以电影《博物馆奇妙夜》的设定为基础，创编全新的剧情，利用课程所学的硬件和编程技术，让博物馆里的文物"活"起来。该作品使用了多个交互组件，它们互相配合，完成了一场发生在博物馆里的精彩演出。

图 10-2 《博物馆奇妙夜》场景图与设计图

《博物馆奇妙夜》从创意到实现，经历了确定选题、脚本策划、程序编写、美术设计、模型制作、场景搭建、最终调试等多个步骤。同时，作为一个多人合作项目，良好的团队分工与合作也必不可少。以下这份课程报告，来自《博物馆奇妙夜》创作团队的复述与分析，下面一起来学习和思考该项目是如何逐步落地的，参考视频 10-1。

视频 10-1

10.1 选题

　　选题，往往是项目的初始步骤，它既需要日常积累，也需要掌握一定的策划方法。《博物馆奇妙夜》创作团队以自己的经验为出发点，介绍了一些可能的寻找选题的方式、参考素材的种类，以及个人头脑风暴和团队头脑风暴的一般流程，这些方法具有很强的"通用性"，相信可以帮助读者在各类创作的选题工作中做到事半功倍。

《博物馆奇妙夜》创作团队：

　　——好的选题是一个项目的开始，这个选题需要在符合要求（如课程要求、比赛要求）的前提下，让自己有信心、有动力做下去。在没有创作想法时，广泛地搜集已有案例可以得到很大的启发。

　　一般来说参考素材有以下几类。

　　首先是偏向技术类的，这些一般由技术实现角度产出的 Arduino 作品在技术方面能带给我们很多启发，也可以让我们快速了解常见的元件能发挥什么样的作用，产生什么样的效果，或者一些元件在基础用法上的新用法，例如：

　　《机器人鼓手》（*Drum Cube*）：作者模拟了现场演出时架子鼓对的元素和特点，制作了一个脱离人工演奏的便携机器人鼓手（见图 10-3），在不使用录音的情况下以不同的节奏击打出不同的韵律，它的声音甚至可以在演出时被放大。从这个案例中，可以学到舵机驱动结构的好办法，并可以借鉴到自己的作品中。

图 10-3 《机器人鼓手》，作者：弗朗科·莫利纳（Franco Molina）

　　第二类是创意方向的素材，这类素材的种类很多，来源更为丰富，可以是创意广告片、电影名著、民间故事、神话传说……这些素材不一定直接导向最后的设计，但十分具有启发性。例如：

　　FUJIX 公司（株式会社フジックス）为他们新推出的特殊导电纱线"Smart-X"制作的宣传片（见图 10-4），作者利用这种特殊纱线的特性在羊毛毡上作画，不仅表达"每个人都照亮了未来"这一主题，也体现了该公司的基本业务：为发电厂、工厂、办公楼、商业设施和医院等地区提供设施建设服务。从这个例子中既可以参考其视频的叙事手法——用线的移动带来的灯光变化讲故事，也可以参考其优秀的呈现效果——利用灯光（LED 小灯）与纸质模型相结合。

图 10-4 《连接思想》（想いをつなぐ 篇）2021 年，日本关电工公司

从玩具大师麦特·史密斯（Matt Smith）的传记视频中可以学到很多有关模型结构的知识，因为在 Arduino 套件中能控制模型移动的元件只有伺服电机，所以通过史密斯的作品可以了解更多机械结构的制作方法，更好地帮助我们设计模型的驱动结构。同时，史密斯运用木模型上色的形式营造出了很好的复古感，风格化的模型设计也传递出了怪诞有趣的感觉，读者可以在模型风格和制作工艺上获得启发（见图 10-5）。

图 10-5 《新开始》（New Beginnings），作者麦特·史密斯，2021 年

影视及文学作品也是很好的灵感来源，传统画本故事的演绎、电影小说情节的可视化等都能够生发出有趣的选题。作品《汤姆猫》就是从大家耳熟能详的动画片《猫和老鼠》中提取情节，制作出汤姆用锤子打藏在奶酪里杰瑞的交互小游戏。

第三类素材重点关注交互的形式，交互方式的设计使人和物体之间产生交流，或者使物体和物体之间产生交流。在设计时需要考虑输入和输出两部分内容：传感器组件一般作为输入端，如实验套组中的光敏传感器、压力传感器、按钮等；声音、灯光、机械动作一般为输出端。以下作品给予了我们很多启发。

在作品《薛定谔的猫》（见图 10-6）中，以观众"开门"作为触发动作，切换箱子内猫咪的状态，其实质是通过开门带来的光线变化来改变光线传感器的读数，从而改变箱子内的 LED 灯泡和声音。

图 10-6 《薛定谔的猫》

　　在作品《打瞌睡的学生》（见图 10-7）中，小人会低下头打瞌睡，观众作为老师拍打课桌，小人便会抬起头。这里是通过手拍桌子时，桌子里隐藏的光敏传感器读数值降低，从而将信号传递给小人的。

图 10-7 《打瞌睡的学生》

　　在作品《叛逆的花》（见图 10-8）中，利用压力传感器作为交互的接触点，在这件作品中压力传感器承担了"按钮"的角色，按下按钮就会给花浇水，所以选择压力传感器而没有选择按钮的原因是在设计中，叶子也要触碰传感器给自己浇水，所以更加敏感且存在感更低的振动传感器更适用于这件作品。

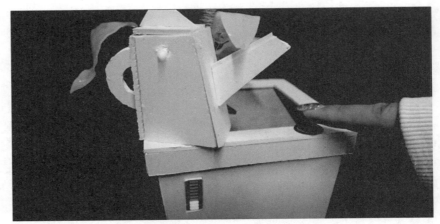

图 10-8 《叛逆的花》

以上例子只是冰山一角，读者在生活学习中多多留心，会发现很多惊喜。

10.2 命题

在上一节中，大致了解了选题的方法。在面对有明确命题范围的项目时，应该如何处理"命题"与"创作选题"之间的关系呢？

《博物馆奇妙夜》创作团队：

——如果是个人项目，虽然不能像团队项目一样进行讨论与碰撞，但可以通过联想和发散的方式帮助自己拓展思路（见图 10-9）。可以在纸上写下题目的核心词，用联想的形式构建树状图去拓展题目的可能性，从而找到合适的选题。以题目"情绪"为例，可以在纸的中心写下"情绪"一词，随后写下你根据这个词语联想到的词，如"快乐""悲伤""思念""愤怒"等，之后可以根据联想到的词继续进行发散。通过"快乐"一词你也许会联想到"生日""收礼物""游乐园"等事件或场景，这些可能就是你创作的开始。

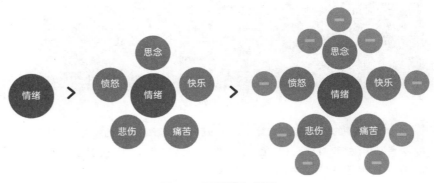

图 10-9 思维发散方式示意

如果是团队项目，在进行头脑风暴之前，对于团队和个人都要做好准备。整个团队需要明确知道做头脑风暴的目的是什么，对于个人而言，在明确头脑风暴主题后，需要收集主题相关资料，了解主题并进行预先思考，等到头脑风暴开始时，脑子里才有内容去碰撞。在小组合作中，应在第一次讨论选题前各自寻找素材，在讨论时进行素材的分享、汇总，因为同样的素材在不同的人眼里会激发不同的想法。

完整的头脑风暴过程非常严谨，不便于快速理解，这里结合实际情况及需求，将过程简化为 5 个环节进行介绍。头脑风暴开始前，需要准备好各种颜色的便笺纸、粗细两种笔、一块白板或一张大的纸张用于汇总和梳理（见图 10-10）。

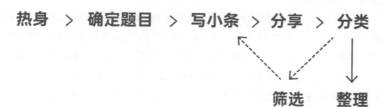

图 10-10　头脑风暴流程示意

1. 热身

在热身环节大家要尽快进入状态，这个环节建议不要过长，5 分钟左右即可，集体明确头脑风暴的主题和讨论的目标，同时组员之间要相互熟悉。

2. 个人脑暴

大家根据头脑风暴的主题和目标，快速写下所有能想到的点。在这一阶段，希望小组内的每一个成员尽可能地去写，不考虑想法的可实现性，也不必担心自己的想法和别人的不一样。在这一部分可以最大程度展现组内每个人的特点，寻找自己的切入点。注意，第一轮时间不宜过长，以 5 ～ 8 分钟为佳。

3. 分享

在每个人展示 idea 的过程中，鼓励大家实时发散延伸，同时也写在纸条上。及时记录思维碰撞的火花。

4. 分类

分类的目标不是严格的分类，而是看出趋势。选出一类形成方案，或进行下一轮头脑风暴。复杂的问题可以分解成更简单、更明确的问题。通过问题的不断深入进行多轮头脑风暴，从而不断深入对问题的探索。

5. 整理

讨论结束后要及时整理，记录下大家的想法。推荐使用 papa、evernote 等移动互联网工具，将每个分类拍照，并录下语音解说，便于传播和二次激发。

在进行头脑风暴时，需要注意以下准则，即"没有坏主意、没有不值得回答的问题、知道什么时候说什么话、好记性不如烂笔头"等要点。一定要在头脑风暴的过程中做好记录，不要让好的想法转瞬即逝。

点评：

面对有明确命题的项目时，无论是个人还是团队，都需要通过某种方法将命题的含义及外延梳理清楚，并设定较为清晰的选择范围。

在整理思路时可以选择多种方法进行，除了头脑风暴，还有诸如Buzzgroups，Step ladder technique，Synectics等。

10.3 脚本策划

初步确定了作品的创作主题后，项目即将进入执行阶段。带有叙事性、情节性或执行顺序高度敏感的项目中，脚本策划是执行阶段的第一步，是将创意逐步分解为具体步骤的过程。在交互原型设计中，脚本策划将明确创意、程序和模型之间的配合关系，以及这 3 部分的具体工作，可以说是整个项目的"控制本"。那么，创意、程序和模型是如何相互配合的呢？

《博物馆奇妙夜》创作团队：

——同学们在实际制作的过程中往往会跳过脚本策划这一步骤，甚至仅仅对项目有一个初始的概念就开始动手制作，对于每个阶段具体要做什么没有提前进行思考和策划。这样试错的过程会浪费很多时间，往往需要推翻已经完成的部分重新开始，虽然在试错的过程中可以积累经验，但对于有期限的作业或项目来说并不合适。所以，在进入到具体的制作部分前尽可能地进行全面考虑，预先制订计划，从而避免返工是非常有必要的，而这正是一个好的策划脚本所能够实现的。

脚本文档有不同的形式，大家可以根据自己的需求进行选择，只要完成各个部分的一一对应即可。在《博物馆奇妙夜》中，如图 10-11 ～ 图 10-13 所示，选择以脚本的形式进行书写，以剧本为基础进行整个脚本的梳理，分别用不同的颜色标注出各个部分。

| | 效果描述 | 所用硬件及功能 | | 技术实现手段 | 手工模型注意事项 | 音频素材 | … … |
		输入	输出				
场景1	十二点的钟表声	按下按钮开始	钟摆摇晃（特定角度持续摇晃）MP3播放结束时舵机停止转动，表盘舵机开始转动（此舵机不受任何终止程序影响直到转完)	一个舵机控制表盘的指针一个舵机控制钟摆摆锤两个舵机接在主板1上	钟摆夹层留足空间，摆锤画长一点，最后裁剪	分针秒针合上的声音、十二点的钟声	
场景2	呐喊小人振动，发出尖叫声		振动同时尖叫	振动模块（或换舵机，快速小角度振动）	画要和背板固定稳	尖叫声	
… …							

图 10-11　脚本用法示意图 1

	效果描述	所用硬件及功能		技术实现手段	手工模型注意事项	音频素材	……
		输入	输出				
场景1	十二点的钟表声	按下按钮开始	钟摆摇晃（特定角度持续摇晃）MP3播放结束时舵机停止转动，表盘舵机开始转动（此舵机不受任何终止程序影响直到转完）	一个舵机控制表盘的指针一个舵机控制钟摆摆锤两个舵机接在主板1上	钟摆夹层留足空间，摆锤画长一点，最后裁剪	分针秒针合上的声音、十二点的钟声	
场景2	呐喊小人振动，发出尖叫声		振动同时尖叫	振动模块（或换舵机，快速小角度振动）	画要和背板固定稳	尖叫声	
……							

图 10-12　脚本用法示意图 2

	效果描述	所用硬件及功能		技术实现手段	手工模型注意事项	音频素材	……
		输入	输出				
场景1	十二点的钟表声	按下按钮开始	钟摆摇晃（特定角度持续摇晃）MP3播放结束时舵机停止转动，表盘舵机开始转动（此舵机不受任何终止程序影响直到转完）	一个舵机控制表盘的指针一个舵机控制钟摆摆锤两个舵机接在主板1上	钟摆夹层留足空间，摆锤画长一点，最后裁剪	分针秒针合上的声音、十二点的钟声	
场景2	呐喊小人振动，发出尖叫声		振动同时尖叫	振动模块（或换舵机，快速小角度振动）	画要和背板固定稳	尖叫声	
……							

图 10-13　脚本用法示意图 3

　　有了这样的表格，既可以明确需要做什么，使团队的每一个成员对于项目的细节都达成了一致认知；又将需要做的所有事情具体化，明确各个部分的工作。如图 10-11～图 10-13 所示，纵向看能知道每一个类别的所有工作（见图中红色高亮部分），同时将它们放回整个脚本中横向考虑，可以知道负责其他部分的同学此时的任务，方便更好地配合。以手工模型部分为例，在时钟这一环节会有两个伺服电机被固定在时钟的背后，那么就要考虑它们的安装位置及固定方式。

点评：

面对多任务线程任务的处理时，往往涉及不同的作业方向，又需要在特点时间点进行整合，这就要求对项目整体流程和分支流程进行明确划分，确保展示内容与传达呈现在时间线上是适配的，文中所示的脚本使用方法就提供了很好的解决思路。

10.4　团队分工

在团队项目中，从项目选题、制作实施及项目呈现，每个环节都需要良好的团队合作。沟通、执行与反馈在团队项目中缺一不可，直接影响项目最后的完成度与呈现效果。如何做好团队合作是一个复杂的问题，这里不再展开叙述，以《博物馆奇妙夜》团队的经验作为参考。

《博物馆奇妙夜》创作团队：
　　——本节将介绍在策划、程序编写和模型制作 3 部分间高效合作的方法，并简单介绍甘特图的使用，给读者提供一些小组合作时的经验参考。

如果项目由多人合作共同完成，需要明确团队内各成员的任务分配及时间节点。明确任务分配是为了权责分明，可以一定程度上避免沟通问题，分工尽量具体且需要落实到文字上。其中需特别注意任务完成的先后顺序及哪些任务是可以同时推进的。可以使用时间管理甘特图来完成任务拆解和时间分配的工作。

在分工时要考虑各个成员的长处，以及他们希望在这个项目中担任什么样的工作，对于学生作业来讲，完成一个好作品并不是唯一目的，同学们在设计、制作的过程中进行能力锻炼同样重要。所以在分工时既要考虑各个人的长处，也要考虑大家在这个任务中的意愿。比如有的同学虽然程序设计方面的能力不是那么突出，但希望在项目中能锻炼自己程序设计上的能力，在分工时就可以将他分到程序组，和擅长程序设计的同学们一起研究、讨论，既能保障项目能够稳步推进，也让同学们在项目中不断提升自己。

在《博物馆奇妙夜》项目中，同学们对于不同种类的任务进行了区分，并且同时推进了美术部分与程序部分，使项目在 5 天的时间内得以完成。5 天时间对于一个项目从构思到完成而言还是很有挑战性的，快速的头脑风暴过后，同学们在当天就已确认分工并落实到个人，同时美术组着手确定美术风格和模型的大致尺寸。在第二天中午，策划组同学完成了脚本的编写后，程序组同学开始构思程序，美术组同学开始绘制每一个具体展品的素材图，音频素材的整理也在同步进行。

第三天，美术组同学完成了绝大部分素材的绘制，拿到印刷品后就开始搭建模型。程序组的同学分段写程序，并将写好的部分先交给模型搭建的同学同步进行调试，以节省时间。策划组的同学们空闲下来后也主动加入了模型的搭建工作中去，使得项目推进的速度加快。

在本章中，以《博物馆奇妙夜》创作复述为基础，大致介绍了如何完成选题、命题确定、脚本策划及团队管理等内容，作为交互原型设计的不同环节，每个步骤都有其侧重点与适用方法，了解其核心逻辑后，更多的动手实践是真正掌握这些技能的关键。

analogWrite（ledpin，fadevalue）

第 11 章

走向实践：

交互设计项目的执行与实现

void setup（）

int buttonState

11

const int

int buttonState = 0

const int buttonPin = 2;

const int ledPin = 13;

　　在第 10 章中，学习了如何进行选题、命题、脚本策划及团队管理等内容。本章将继续从程序编写、美术设计、模型制作和最终调试 4 个部分学习交互原型的实现过程。本章仍然以《博物馆奇妙夜》为案例，介绍具体的制作过程，并着重讨论影响作品效果呈现的因素，通过例子介绍在具体制作中可能遇到的问题，为同学们的制作提供经验。

11.1　程序脚本实现

　　程序编写是项目实现的决定性部分，也是具有一定技术难度的区域。从功能需求转化为明确的代码执行，需要明确而高效的内容沟通及理解。如何将功能与代码及硬件控制进行合理联动，可能需要不断地进行调整与迭代，才能取得较为理想的呈现效果。

《博物馆奇妙夜》创作团队：

　　——首先，与策划同学对接时，应将故事脚本转换为程序结构图（见图 11-1），条理清晰地展现各个元件工作的顺序、时长等关系，有助于复杂项目中各个成员明确细节及方便程序的编写。同时，需要考虑 Arduino 主板的承载力及程序逻辑的问题，提前确定主板个数和每个主板负责实现的脚本板块。注意，应将线性顺序运行的元件放置在同一个主板上，将多线程运行的元件放在同一个主板上以便程序的编写，并尽量减少主板的数量，从而减小模型搭建和调试的压力。

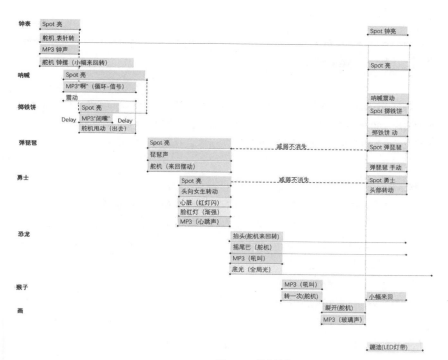

图 11-1　程序结构图

　　接下来，需要明确以怎样的方式将不同的主板联系起来。以下是两种常用的较稳定的方式。

光通信

　　"光通信"是通过一个 LED 模块和一个光敏传感器组合构成的多主板通信方式。信号发出的主板通过 LED 模块发光的形式发送指令，其他接收信号的主板通过光敏传感器接收指令。由于光敏传感器对光非常敏感，为了消除环境光对光敏传感器识别的影响，光通信的过程需要在黑暗环境中进行，一般将元件组合面对面捆绑后放置在暗盒中。另外，LED模块有多种，为了保证成功率，一般不选择亮度较低的 LED 小灯，而是选择单个全彩 LED

点评：
对于经验不够丰富、格式不够规范的学生团队来说，程序编写过程中的合作环节经常出现问题——读不懂别人的程序也讲不好自己写的程序。程序组的同学人数不宜过多，由个别同学主导完成程序框架，其余同学完成局部功能实现，是一个不错的分工方式。

点评：
"光通信"的优点是逻辑比较简单，各段程序相对独立。缺点是在主板较多的情况下，调试时中途如果出现中断，则后面的主板都不能运行；需要的光敏传感器和LED模块组合较多，且模型搭建时需要保证每个光通信组合都置于黑暗环境中。

模块或者全彩 LED 灯板。灯板的亮度可以通过设置发光小灯的个数来实现，因此可以根据查看串口调试的情况将一个灯板分化出多种亮度的光信号，对于需要发出多种光信号的主板来说，这样可以减少元件的个数。

计时器

也可以通过计时器的方式协调各个主板运行的顺序和节奏，在 void loop 循环的末尾处加上计时器的程序。每个计时器只负责记录所在主板程序开始运行后的总时长 count，所在主板各元件程序开始运行时间的条件 n 则可自行设置，当 count==n 时，元件程序开始运行。

11.2　模型设计

模型设计是一个非常综合的过程，与纯粹的手工模型制作相似，需要确定呈现的风格、模型的尺寸和制作的材料等；此外，硬件的走线位置、模型对于额外元件的承载力，以及展示过程中的稳定性也是需要重视的问题。

《博物馆奇妙夜》创作团队：
——首先需要确定模型的风格和模型的尺寸。模型风格方面需要考虑是单一视角展示还是多方位展示，这决定了模型是偏向三维的还是偏向平面的 2.5D 风格。整体项目中是否涉及伺服电机的承重和受力，如果较多运用到伺服电机，则一定要确认模型的重量是否在电机的承受范围内。

还需要为元件和走线预留位置，此时就可以对照脚本文档进行设计——一共会用到多少块开发板，每个开发板上连有几个元件，这些硬件分别需要多大体积的空间进行放置，如何固定它们是最合适的。提前为这些元件留出位置，就可以避免临时的拼凑影响整个装置的稳定性。

此外，还需要考虑模型材料的采购和时间等因素。如果时间充裕，可以网购或者去大型的材料店挑选材料，那么材料对于模型的限制就会变小，可发挥的空间更大；如果只能从身边的文具店、超市等地方获得材料，则要慎重考虑最后作品的实现难度。此时就要在受限于材料色彩、板材尺寸等因素的前提下，尽量好地呈现我们的构想。这一点需要在设计阶段进行预判。

在这一阶段，最好动手绘制一些草图，不必十分精美，但需要明确模型的尺寸（长、宽、高及各组件的相对大小）和走线及元器件的大致位置。美术风格图用来确定模型的风格和颜色，并标注材质。有了这样的草图，可以帮助我们将目标变得既明确又具体，也方便同学们开展合作。

计时器的优点是调试时不受环境限制，可以自由调整时间条件；缺点是元器件（如伺服电机等）的运行会让计时产生一定的误差，需要调整计时器的时间以避免计算误差。

基于上述内容，本节为大家整理出了以下几个问题（见表 11-1），在购买材料和制作前可以对照表格一一检查，看是否都考虑到了。

表 11-1　检查对照表

序号	问　　题
01	我想要什么风格的模型？
02	我想做多大的模型？
03	是否有伺服电机？伺服电机部分的模型重量是否过重？
04	我的模型是否需要遮蔽元件？需要遮蔽多大的元件？
05	开发板的放置位置如何安排？应该怎么走线？
06	这件作品需要展示多长时间？
07	这件作品需要在什么样的环境里展示？
08	我想要用什么材料制作？我能否在时间限制内获得合适的材料？

下面将具体介绍同学们是如何运用以上方法制作作品的。

在《博物馆奇妙夜》制作初期，同学们在美术风格方面有 3 个选择：像素风、插画风和纸模型、超轻黏土等软性材料捏制的三维模型。但由于时间限制，同学们倾向于选择工作量较小的二维风格来制作；同时这个作业需要多位同学共同创作，为了便于统一手绘风格，最终选择了像素风。

确认了风格后，关于如何搭建模型同学们进行了多次讨论及设计（见图 11-2 和图 11-3），最初认为使用 L 型的布局可以更好地展现博物馆中文物的互动，但画出草图后发现视觉上的横向长度过长，不便于观者欣赏；同时，一字铺开的布局过于平均，使得摆放的整体效果并不好。

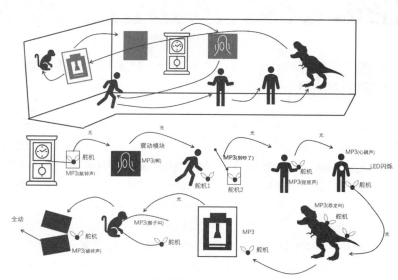

图 11-2　《博物馆奇妙夜》场景设计 1

图 11-3 《博物馆奇妙夜》场景设计 2

因此，同学们想到可以抬高台面制作两层的场景，通过高度差营造出错落的层次感，也可以使各个展品的摆放更加紧凑。同学们最终从真实的二层空间和台阶式二层空间中选择了后者。这一选择也是综合考虑材料限制、搭建难度和制作难度得出的结果。真实的二层空间在承重上易出现问题，一旦固定得不够牢固，舵机的运动很可能会影响到模型的稳定性。如图 11-4 所示，同学们最终选择了的舞台式双层布局。

图 11-4 《博物馆奇妙夜》场景草稿

美术组的同学在布局和比例的基础上又确定了整个模型的配色，确定了风格和颜色后，就可以同步推进绘制步骤了。

需要特别说明的是，根据之前的设计图，同学们只确定了模型各个部分的相对大小，并没有确定各个部分的实际大小。绘制图案完成后，同学们以制作工艺最复杂的"霸王龙"和"掷铁饼者"的最小尺寸为基准，等比例放大其他模型并进行打印。从这里可以发现，有时并不能在一开始就预估最后的结果，也不能在设计阶段就完全考虑到模型各方面的细节，那么在设计的过程中就要留有可变的空间，如保留足够清晰的单图文件。

在材料上同学们选择了纸质材料，再配合 KT 板和硬纸板作为支撑。这也是因为时间紧、任务重，纸质材料是最容易获取、加工最方便的材料。并且考虑到整个模型中有较多的伺服电机参与，纸质材料重量轻，是最为稳妥的选择。

11.3 模型搭建

模型制作是一个非常考验设计者动手能力的环节，如何才能提高模型的稳定性、美观度和整洁度，值得我们探讨研究。

《博物馆奇妙夜》创作团队：
——设计好模型后，需要选择在规定时间内能加工完成的最能表现模型气质的材料进行制作和搭建。下面是学生模型制作中常用的几种材料类型。

纸板

纸板是由各种纸浆加工而成的、纤维相互交织组成的厚纸页。纸的种类繁多，硬纸板和瓦楞纸是大家生活中非常常见的材料，质轻、具有一定的强度和韧性；加工工艺多种多样，对其进行手工切割和雕刻都非常方便，成本也相对低廉。纸质材料对于建立快速草模和制作精致模型都有较强的表现力，但需要注意不同克数（即厚度）纸张的选择。

KT 板

KT 板是一种由聚苯乙烯（Polystyrene）颗粒经过发泡生成的板芯，经过表面覆膜压合而成的一种新型材料，板体挺阔、轻盈、不易变质、易于加工。这种材料被广泛应用于广告展板印刷。KT 板有很多种类，它的一大特点就是易切割、重量轻。非常容易做出规整的形状并组成规则体块。同时也有不错的支撑力。注意不能用 502 等胶水进行黏接，会造成腐蚀。对于承重要求不高的模型，使用双面胶即可。

超轻黏土

超轻黏土是纸黏土的一种，简称超轻土，兴起于日本，是一种无毒、无味、无刺激性的新型环保材料。主要成分有发泡粉、水、纸浆、糊剂。超轻黏土非常柔软，便于塑造不规则形体，色彩种类多，易上色和混色。利用超轻黏土制作出的模型，在干燥后的重量仅为干燥前的四分之一，且不易破碎。

需要注意的是，如果希望模型有较多尖角，超轻黏土在干燥的过程中会缓慢变形，捏制时注意保持材料的湿润度。同时，一定要减少一块材料捏合重做的次数，尽量一次成型，否则材料质地会有变化，也易产生缝隙。

油泥

产品模型专用油泥是一种人工合成材料，主要成分有灰粉、油脂、树脂、硫黄、颜料等。油泥可塑性极强，常温下质地坚硬，可精雕细琢，常用于精品原型和工业设计模型制作；不黏手、不易干裂变形，精密度高，但不易着色；油泥对温度敏感，遇热变软，微温软化可以塑形或修补。

需要注意的是，油泥的密度较大，重量较重，很适合基座部分使用。其外表的轻微黏性也可以承托其他硬件，如电机；但与硬件结合时，需考虑电机的承载力能否很好地支撑油泥的重量。

木质材料

木质材料是传统模型制作中非常常见的材料，结实的木条、木板适合作为模型的框架和底座，切割出的特殊形状可以作为其他模型的补充。

木质材料强度好，不易变形，易于涂饰，表面自带肌理，材质轻，运输方便，可长时间保存。同时，木头有天然的纹理和质感，材料本身就有自己的语言风格。手工模型中，木材的加工比较费时费力，一般用锯或刻刀取出合适的形状后，用砂纸稍加打磨，再用插接或胶黏的方式固定在一起。同时，也可以结合激光切割制作出精细的零件，再将其结合在一起。

热塑性材料

热塑性材料，如聚乙烯、聚丙烯、聚氯乙烯等，在一定温度条件下，能够软化或熔融成任意形状，可多次加工且具有可塑性。热塑性材料质轻，通常具有良好的弹性和耐压缩变形性，制作曲面形态时需要事先制作压型模具，可以进行车、铣、钻、磨等加工制作出精致的模型。

手工模型制作通常使用聚甲基丙烯酸甲酯（PMMA 有机玻璃）、丙烯腈—丁二烯—苯乙烯（ABS）、聚氯乙烯（PVC）等制成的板材、管材、棒料等作为模型材料。需要注意的是，这类材料手工加工比较费力，通常只对采购回来的半成品制品进行简单的修剪。

金属材料

金属材料是指具有光泽、延展性、容易导电、传热等性质的材料，大多具有良好的硬度、强度、韧性和弹性等物理特性。金属材料分为有色金属和黑色金属两大类，常用于进行模型制作。但金属加工成本高、难度大，需要专用加工设备经过多道加工工序才能成型。在手工模型制作中，比较常用的是铁丝、金属网、锡箔纸等较软、易加工的半成品金属材料。必要时，可以在工厂对金属材料进行钻孔、车削、激光切割等加工。

常用胶黏剂

万能胶：黏着力强，耐化学腐蚀性好，黏接范围广。多用于黏接金属、玻璃、陶瓷、木材、塑料等材料。

热熔胶：常温下为固体，加热熔融到一定温度能够流动且具有一定黏性。多用于黏合木、纸类制品、纤维制品、皮革、金属、塑胶等材料。

502：在常温下能够迅速固化。除PE、PP、氟塑料和有机硅树脂，对各种材料均有良好的黏接性。缺点是固化后脆性大、不耐冲击振动，耐老化性能、耐温性能、耐水性能不高，通常用于工艺品、小型零件的黏接部位。

白乳胶：成膜性好，黏接力强，固化速度快，对黏接材料无侵蚀作用。通常应用于木材、布料、纸类、皮革等材料的黏接。

透明胶带、纸胶带、泡棉胶带、双面胶等压敏胶黏剂：不同胶带的黏性不同、厚度不同，使用都很方便，多为界面处理辅助用料。

选择好材料后，先进行单体制作，然后再搭建场景（见图11-5）；先将电子元件与制作好的手工模型两部分进行组装，最终对模型和程序进行最后的整体调试。在这一阶段往往会出现一系列问题，诸如：舵机力量不足无法驱动模型、模型材料选择失误导致运行过程中损坏等。所以需要谨慎考虑调试和搭建的合理顺序，减小调试中失控情况对模型造成损坏的可能性（详见11.4最终调试小节）。在《博物馆奇妙夜》项目中，同学们对埋线问题也进行了诸多考量。"博物馆"有两层阶梯，里面放置了所有主板。同学们给每个模型背后的"地板"都进行了打孔，以便将主板连接的元件拉到"地上"来。光通信的元件组合均放置在一个暗盒内，和所有外接电源（小型充电宝）一起牵引到背景板后面，以便调试。

此时时间已经来到星期四晚上，即距离结课还有不到 18 小时，程序组已经基本完成程序的编写，手工组的同学们也按部就班地完成了每一部分零件的制作。对于手工制作而言，此时的压力最大，即便预估了尺寸和承重，也不能百分百地匹配，在组装的过程中需要不断进行微调。同学们遇到最大的问题是顶光和顶部舞台框的安装，这是由于前期在垂直支撑结构设计上考虑不足。这一点可作为经验供大家参考：如果用 KT 板等中等强度的材料来做垂直的支撑结构，就要使用完整的板材，尽量避免拼接；有条件的同学建议使用固定好的框架结构，以保证支撑力。

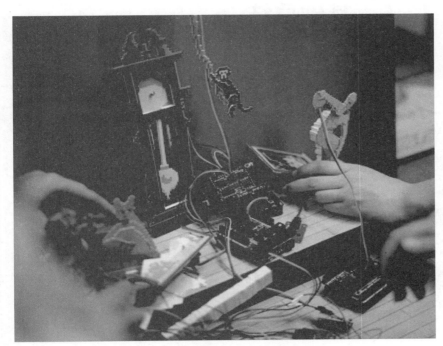

图 11-5 《博物馆奇妙夜》场景搭建

11.4　最终调试

硬件调试是贯穿程序和搭建过程的环节，其重要程度和花费的时间不输其他任何一个环节。调试过程中可能会遇到很多在前期没有想到的问题，需要用最大的耐心排查和处理。

《博物馆奇妙夜》创作团队：

在黏连舵机和模型之前，需要确保舵机舵盘的安装角度与舵机的初始角度一致。舵机停转时，我们不清楚此时舵机的角度，不能安装舵盘。建议先将舵机复位到程序编写的初始角度，根据舵机在模型上的安装角度来确定舵盘的安装角度，保证搭建后调试过程中不会意外损坏模型。

另外，应先对每个部分进行黏连和调试，确保每个部分的元件和模型都正常匹配和运行后，再整体搭建所有模型。搭建完成后，由于根据程序计算出的时间与硬件实际运行的时间有一定的误差，需要根据整体模型的实际运行情况进行重新计时，根据计时结果对程序的时间条件进行修正。

11.5　其他总结

在项目推进的过程中，程序编写和模型制作并非呈线性关系，而是始终在相互交叉和影响。在技术、材料和时间都有限的情况下，如何达到最优的呈现效果，需要各个部分的不断妥协和协调。有时是在重重限制中突破限制，不断探索现有条件下的最优解。下面是来自《博物馆奇妙夜》团队针对项目推进过程的一些总结。

《博物馆奇妙夜》创作团队：

在编写脚本的阶段，就需要同时考虑模型和程序两者的可行性。通常在这个阶段会不自觉地构想最后的效果蓝图，也就是模型的最终呈现，而忽略硬件方面能否在有限的时间和条件下跟上模型的步伐。因此，需要梳理脚本中每个部分对应的硬件种类、个数，硬件的运作对模型产生的影响，甚至一些初步的程序逻辑，并尽可能给出在 Plan A 无法实现的情况下可供选择的 Plan B。例如，《博物馆奇妙夜》中《呐喊》油画中的小人，最初同学们希望使用振动模块，但考虑到安装的可操作性不高及振动幅度较大可能会损伤模型，而更换为舵机模块。

硬件实现和模型搭建几乎是同时进行的，两组同学需要始终保持积极沟通的状态，在对方难以实现的地方做出妥协和让步，并想办法在己方做出一定程度的弥补，或用另外的技巧和角度解决问题。在《博物馆奇妙夜》中，恐龙单元的设计原本在头部和尾巴都放置了一个舵机来控制它们同时运动，但由于制作恐龙模型的卡纸无法支撑两个舵机的重量，便只保留了尾部的运动，并将舵机埋于"地板"之下，用铁丝牵引尾巴运动，同时对之前编写好的程序进行了及时修改。在最后的舞台布光阶段也有类似的情况，原设计本想将LED 小灯从背景板伸出，为每个单元单独打光。但经试验，发现 LED 小灯单体亮度不足，于是同学们选择在网上购买现成的模型用舞台小灯，后来又发现需要对买回来的小灯进行改装。时间紧迫，大家转而截取 LED 灯带上的两个小灯进行焊接，再加上黑色卡纸自制舞台追光灯。非常遗憾，由于部分焊接临时出现了问题，加之考虑到模型呈现上不够美观，还是放弃了该方案。在经历了三版方案的尝试后，程序组的同学提出可以用剩余完好的一根灯带连接导线，放置于装置的顶部，通过程序上的设计让灯带不同部位的小灯以不同的顺序和颜色发光，同时解决追光和结尾蹦迪灯光两个需求。虽然与之前设计的方案非常不同，但却产生了意想不到的效果，这也体现了模型和程序制作相互成就的价值。

自第 10 章开始，本书以《博物馆奇妙夜》为案例，通过分析创作团队的复述与总结，从创作视角体验并学习了交互原型项目从创意到落地的完整流程。《博物馆奇妙夜》作为十分优秀的交互作品，展现出了清晰的策划思路、技术实现与展示落地等环节的处理方法与宝贵经验，希望读者能够针对此案例进行吸收与转化，为今后的创作打下基础。

第 12 章

交互原型
案例赏析

12

　　正如本书第 1 章标题所述，对交互原型技术的学习是一次愉快而充实的"旅途"。旅程伊始，我们对交互原型及有关内容进行了一般性的了解与学习，进而向着交互原型的技术与设计领域出发，系统地学习了以 Arduino 为讲解基础的软硬件知识，并通过一个个实验逐步掌握了元件组合、代码编写等技能，对交互原型有了更为深入的认识与理解。不仅如此，原型设计与项目流程的内容也通过优秀作业案例的分析得以展示，相信大家对于来自实践经验的"软技能"也收获颇丰。至此，我们的交互原型之旅已经接近尾声，一路的学习已让同学们成为了"行内人"，对交互作品的赏析也有了全新视野。本章精选了 5 个交互设计作品，它们有着不同的主题、交互方式、设计思路等，但无一例外都富有创意，呈现效果十分精彩。本书邀请了每件作品的作者复述其创意理念、原型设计及实践操作等环节，力求通过对优秀作品的分析，为大家带来最为直接的启发与指导，进而更好地进行创作活动。

　　选编作品来自清华大学美术学院交互技术课程及清华大学未来实验室创作的作品，每件作品在交互方式、技术难度、创新点、设计亮点及可拓展性等维度上，均有闪光之处。知道地标所在，才能更好地选择方向，让我们共同欣赏以下案例，愉快并圆满地完成此次交互原型之旅。

视频 12-1

作品一：《被班主任支配的恐惧》

1. 作品概况

作品名称（中文）：《被班主任支配的恐惧》（见图 12-1）

完成时间：2018 年

作者/团队：吴方惠、黄赫、何佳秋

作品简介：该作品以 Arduino 传感功能为核心，在手工搭建的小型教室模型中模拟教室里上课时的吵闹场景，如果参观者从教室后门"偷看"，那么教室里的吵吵闹闹就会慢慢消失，安静下来。作品视频请参考视频 12-1，可扫码查看具体内容。

图 12-1 《被班主任支配的恐惧》

2. 设计初衷

作品的灵感来源于几位作者对高中自习场景的回忆：大家有时吵吵闹闹，聊得正开心，如果突然有人发现班主任在后门偷看，出于对班主任的"恐惧"，通常没人提醒但教室里却不约而同地慢慢安静下来。

3. 设计亮点（重点部分展示）

这件作品以声音与灯光的变化准确表现了一个特定场景下的"互动"故事，设计构思十分巧妙，并没有应用十分复杂的技术，但无论是在呈现结果，还是传达效果与元件选择的适配程度上，都取得了良好的效果，整件作品充满趣味，扩展性很强，可延伸出更多的内容与互动。

在设计流程上，作者将整个事件切分为两个部分。

a）吵闹状态：扩音器播放喧哗声，LED 灯板呈五颜六色无规则闪烁状态，光线传感器用于检测后门窗户是否有东西遮挡。

b）安静状态：扩音器声音停止，LED 灯板呈白色，呼吸频率闪烁，模拟学生假装安静学习的场景（图 12-2 和图 12-3 展示了相应的设计过程）。

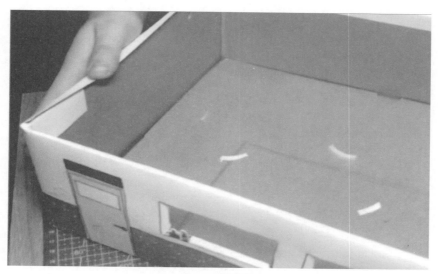

图 12-2　模型制作

图 12-3　实验调试

4. 关键代码解析（见代码 12-1 ～代码 12-4）

```
（节选）
void crazy ()  {
for  (int i = 0;  i < 20;  i++) {
setBoardLED ( 0, true ) ;
setBulbLEDs ( 0, true ) ;
FastLED.show () ;
delay (50) ;
}
}
//定义吵闹状态"crazy"
```

代码 12-1

```
void breathe () {
for (brightness = 5; brightness < brightnessThreshold; brightness += 1) {
setBoardLED ( brightness, false ) ;
setBulbLEDs ( brightness, false ) ;
FastLED.show () ;
delay (20) ;
}
for (brightness = brightnessThreshold; brightness > 5; brightness -= 1) {
setBoardLED ( brightness, false ) ;
setBulbLEDs ( brightness, false ) ;
FastLED.show () ;
delay (20) ;
}
}
//定义安静状态"breathe"
```

代码 12-2

```
void transitionToCrazy () {
int delayValue = 250;
for (int i = 1; i <= 20; i++) {
setBoardLED ( 0, true ) ;
setBulbLEDs ( 0, true ) ;
FastLED.show () ;
delay (delayValue) ;
delayValue -= i;
}
}
//定义从吵闹状态转变到安静状态: 光感器感应亮度偏低 (窗口有人)
```

代码 12-3

```
void transitionToCalm () {
int delayValue = 50;
for (int i = 1; i <= 20; i++) {
setBoardLED ( 0, true ) ;
setBulbLEDs ( 0, true ) ;
FastLED.show () ;
delay (delayValue) ;
delayValue += i;
}
}
//定义从安静状态转变到吵闹状态: 光感器感应亮度偏高 (窗口无人)
```

代码 12-4

视频 12-2

作品二：《小OVEN乐队》

1. 作品概况：

作品名称（中文）：《小 OVEN 乐队》（见图 12-4）

完成时间：2015 年

作者/团队：指导老师：米海鹏；助教：秋宇；装置制作：韩妹琦、钟艺琪、刘思辰、张应祈、刘致远、张宜霖、欧阳弈航、朱婉妹、樊华锋、胡蕴曦、孙羽、刘艺阳、文粤、朴秀；音乐：张应祈；剪辑：孙羽茜

作品简介：小 OVEN 乐队由 5 种不同的"食物"成员组成，乐队成员们聚在一台微波炉里进行乐器表演，每当微波炉门打开时，灯光亮起，5 位乐手会依次表演独奏并集体合奏，最后在"叮"的微波加热提示音响起时，结束这场妙趣横生的表演。作品视频请参考视频 12-2，可扫码查看具体内容。

图 12-4 《小 OVEN 乐队》

2. 设计初衷

作者将食物拟人化，想象食物在人们注意不到的丰富"生活"场景。作者将 5 种不同的食物设定为"乐手"，以微波炉为舞台完成一场即兴的歌舞表演，人们从微波炉的门外可窥见小小一方天地内的奇幻表演。

3. 设计亮点（重点部分展示）

　　这件作品使用了多个 Arduino 联合表演，涉及比较复杂的时间与动作配合。同时，整体工作流程还涉及作曲、模型制作（见图 12-5）、程序编写（见图 12-6）及美术等方面，对团队分工也提出了很高要求。作者团队基于各个乐手的角色与动作，制作了详细的脚本与流程规划（见图 12-7），出色地完成了多线程叙事，作品效果十分突出，令人印象深刻。

图 12-5　模型制作

图 12-6　程序编写

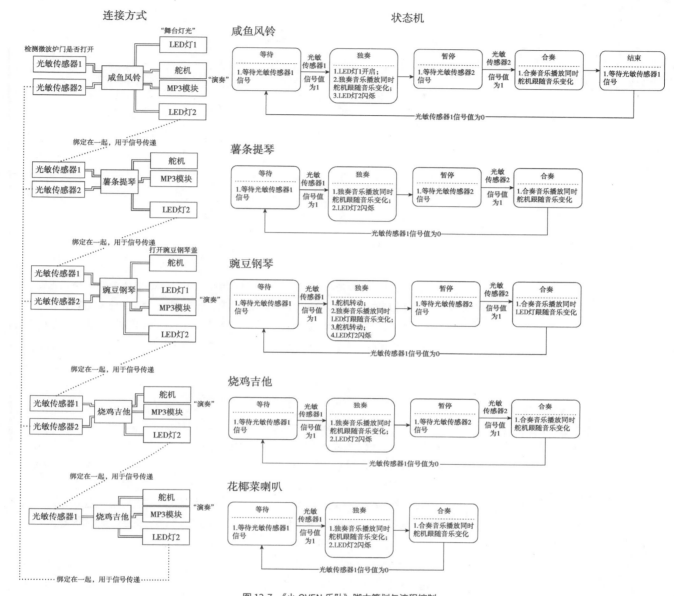

图 12-7 《小 OVEN 乐队》脚本策划与流程控制

作品三：《鉎命》

1. 作品概况

作品名称（中文）：《鉎命》（见图 12-8）

完成时间：2016 年

作者/团队：卢秋宇，王莉媛，师丹青，米海鹏

视频 12-3

作品简介：《鉎命》是一组交互艺术装置，每个装置顶部设有"饲养"液态金属软体动物的容器，当参与者靠近与其发生互动时，容器内的金属软体动物将反映出不同的"性格"特征，如害羞、好奇、乖巧、淘气等，参与者感觉自己仿佛就是在与具有生命的金属软体动物互动。作品视频请参考视频 12-3，可扫码查看具体内容。

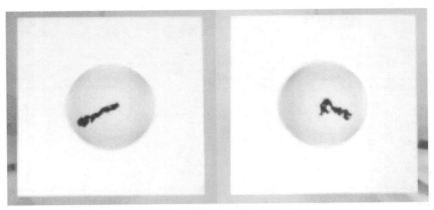

图 12-8 《鋋命》

2. 设计初衷

作者团队在观察液态金属时，发现其材料特性呈现出一种矛盾且神秘的"生命感"，理性的思维判定这确实是一滴滴冷冰冰的液态金属，但感性的一面又会让人觉得它们仿佛是具有生命与意识的软体动物。受此启发，创作者团队设计了一组装置，并尽量将传感、控制设备尽量隐去，通过互动激发参与者对于生命定义的思考。

3. 设计亮点（重点部分展示）

这件作品应用了前沿的新材料——LIME，这是一种融合了可编程液态金属特性的新型柔性界面，能够同时支持视觉增强与动态触觉反馈两大类交互，具有丰富的交互设计空间（见图 12-9）。视觉增强可以通过液体金属变形时的程度、频次等来呈现，动态触觉反馈可以通过电场控制下，液体金属的重心或表面张力变化等方式，实现触摸、按压等操作。可以说，作品本身是一次对艺术与科学融合的有效尝试，拓展了交互对象与交互方式的边界，以艺术化加工的方式赋予金属材料不同的性格特征，主题清晰，交互体验富有新意。

在交互方式的设计上，创作团队进行了各种尝试，以参与者对交互对象可能的反应来合理设置交互的方法，将交互对象、方式、体验三者进行了深度融合。4 组装置作品分别为装置一 害羞，装置二 好奇，装置三 乖巧，装置四 淘气。装置一（见图 12-10）向参与者呈现一种很胆小的液态金属软体动物。当周围无人时，它们便会探出头来在水中摇曳；而当人过于靠近时，它们便会受到惊吓，快速缩回巢穴。装置二（见图 12-11）向参与者呈现一种很热情的液态金属软体动物。它们平时休憩于装置中心的巢穴当中，当参与者靠近时，便会好奇地流向参与者的方向。当有多个参与者时，其会倾向于与离它最近的参与者互动。装置三（见图 12-12）向参与者呈现一种很聪明的液态金属软体动物。它们可以理解参与者让他们运动的命令，在田字迷宫中穿梭。装置四（见图 12-13）向参与者呈现一种很调皮的液态金属软体动物。它们会在巢穴中运动，和人玩捉迷藏。这些软体动物被包裹在薄膜中，人可将手指深入洞穴去寻找它们，并亲自感受它们的触感。

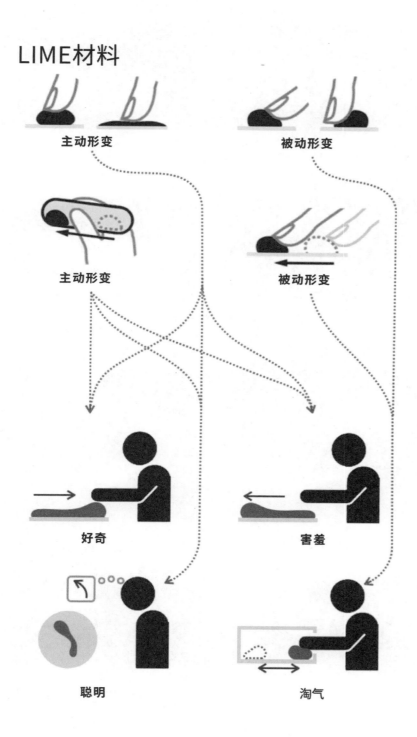

图 12-9　LIME 交互方式的艺术化加工

图 12-10　装置一：害羞

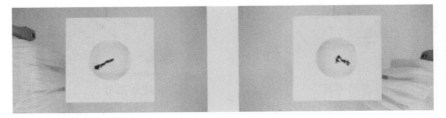

图 12-11　装置二：好奇

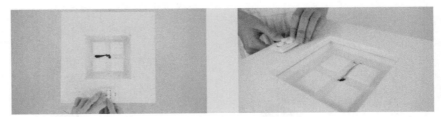

图 12-12　装置三：乖巧

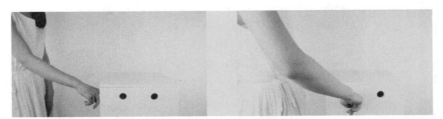

图 12-13　装置四：淘气

4. 关键代码解析（见代码 12-5、代码 12-6）

以装置二：好奇为例

```
#include <NewPing.h>

const int sensor_num = 8, max_distance = 100;
int trigger_pins[8] = {30, 31, 32, 33, 34, 35, 36, 37},
    echo_pins[8] = {A0, A1, A2, A3, A4, A5, A6, A7},
    out_pins[8] = {38, 39, 40, 41, 42, 43, 44, 45},
    pin_num,
    pin_num_last = 9;

NewPing *sonar[8];

void setup()
{
  Serial.begin(115200);
  pinMode(38,OUTPUT);
  pinMode(39,OUTPUT);
  pinMode(40,OUTPUT);
  pinMode(41,OUTPUT);
  pinMode(42,OUTPUT);
  pinMode(43,OUTPUT);
  pinMode(44,OUTPUT);
  pinMode(45,OUTPUT);
  for (int i = 0; i < sensor_num; ++i)
    {
        sonar[i] = new NewPing(trigger_pins[i], echo_pins[i], max_distance);
    }
  for (int i=0;i<sensor_num;i++)
    {
        digitalWrite(out_pins[i],LOW);
    }
}
```

代码 12-5

```
void loop() {
  int dist0 =sonar[0]->ping_cm();
  Serial.print("1#");
  Serial.println(dist0);
  int dist1 =sonar[1]->ping_cm();
  Serial.print("2#");
  Serial.println(dist1);
  int dist2 =sonar[2]->ping_cm();
  Serial.print("3#");
  Serial.println(dist2);
  int dist3 =sonar[3]->ping_cm();
  Serial.print("4#");
  Serial.println(dist3);
  int dist4 =sonar[4]->ping_cm();
  Serial.print("5#");
```

代码 12-6

```
Serial.println(dist4);
int dist5 =sonar[5]->ping_cm();
Serial.print("6#");
Serial.println(dist5);
int dist6 =sonar[6]->ping_cm();
Serial.print("7#");
Serial.println(dist6);
int dist7 =sonar[7]->ping_cm();
Serial.print("8#");
Serial.println(dist7);
int dist[ ]={dist0,dist1,dist2,dist3,dist4,dist5,dist6,dist7};
int dis_num=30;
for(int i=0;i<8;i++)
  {
      if(dist[i]<dis_num && dist[i]!=0)
        {
            dis_num=dist[i];
            pin_num=i;
        }
  }
if (pin_num_last != pin_num)
  {
    digitalWrite(out_pins[pin_num_last],HIGH);
    digitalWrite(out_pins[pin_num],LOW);
    pin_num_last = pin_num;
  }
else
    digitalWrite(out_pins[pin_num],LOW);
if (dis_num==30)
  {
    for (int i=0;i<sensor_num;i++)
      {
            digitalWrite(out_pins[i],HIGH);
      }
  }
delay(2000);
}
```

代码 12-6（续）

视频 12-4

作品四：《木兰》

1. 作品概况

作品名称（中文）：《木兰》（见图 12-14）

完成时间：2018 年

作者/团队：高婧、路奇、米海鹏

作品简介：《木兰》是一套以木兰形象为依托的动态工艺品，结合刺绣工艺，重现了大自然中花朵绽放、引蝶到衰败的动人过程。它的原理是采用新型材料——柔性形变记忆合金作为动力骨架，驱动木兰花瓣的开合。在这幅作品中，所有的电路控制设备被尽量隐去，以尽可能接近传统刺绣艺术品的形态展示，使观赏者首先感受到传统手工艺术文化的优雅魅力，而后享受新技术带来的惊喜感。作品视频请参考视频 12-4，可扫码查看具体内容。

图 12-14 《木兰》

2. 设计初衷

作者在了解传统工艺时发现，其媒介特性多以静态形式展现，比如刺绣这门古老的手工艺，但传统的刺绣作品都是在静态维度内极尽可能地展现动态之美。那么能否让传统工艺真正地"活"起来呢？作者从新型材料和人机交互的视角出发，打破了这种静态限制，使刺绣真正富有生命感，动态织绣作品——《木兰》应运而生。

3. 设计亮点（重点部分展示）

作者尝试以一片花瓣的造型为原型进行驱动。由于花瓣的刺绣针脚较密，内部无须支撑性骨架结构，故使用双向外骨架结构对花瓣进行双向驱动控制（见图 12-15）。模拟花瓣开合时的弯曲形变过程需要对双向外骨架进行弯曲塑形，并将两侧外骨架反向钉绣于绣面边缘，还原花瓣的自然动态效果。

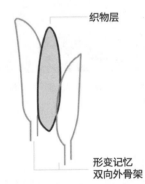

织物层

形变记忆
双向外骨架

图 12-15 双向外骨架塑形方向及布局示意

作者将蚕丝线、棉线、绸缎和棉布这 4 种传统刺绣材料进行两两组合（见图 12-16），与双向形变外骨架配合，来测试不同组合的绣片造型的平整度和柔性形变幅度，最终得到了以下结果：蚕丝线 + 绸缎的组合柔软度较高，能达到较为理想的形变幅度，但蚕丝线脱离绣面后的平整度较差；棉纱线 + 棉布的组合造型平整度很好，但因二者自身都具有一定的厚度和强度，导致结合起来的绣片较为厚重，强度较大，因而无法达到预设的形变幅度；使用棉纱线＋绸缎的组合弥补了前两种组合的缺点，在造型相对平整服帖的同时能达到良好的形变幅度（见图 12-17），因此选用棉纱线与绸缎的组合，制作动态刺绣花瓣原型。

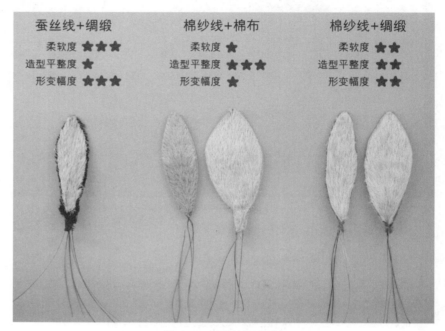

图 12-16　多组材料组合测试

图 12-17　原型及原型动态示意图

木兰的系统控制分为上位机系统和下位机系统两部分（见图 12-18），上位机为一台微型计算机，在同时考虑系统隐藏性和处理性能的条件下，当前采用型号为海尔云悦 mini S-J9S，尺寸为 194mm×150mm×25mm，完全可以隐藏在幅面内部；在性能方面，CPU 为 Intel 赛扬 J3160，内存 8G，硬盘 256G，符合动画播放、下位机控制等基本需求。

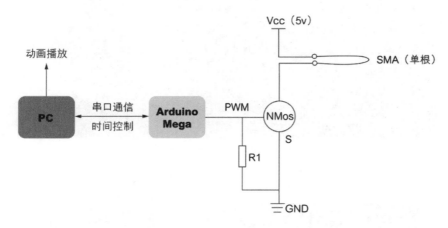

图 12-18　电路原理图

下位机系统主体为 Arduino Mega 2560 单片机，由于 SMA 需要直流大电流（1～1.5A）驱动，常规 Arduino 输出端口无法提供该量级电流，因此使用 5V- 48A 直流电源对所有 SMA（24 根）提供驱动电压（Vcc）；另一方面，Arduino Mega 主要提供控制信号用以控制 NMos 开关电路，其含有 54 路数字 I/O，其中 15 路可以提供 PWM（pulse-width modulating 数字脉宽调制）输出，因此可以提供足够的数字信号控制，使用两个 Mega 即可为全部 SMA 提供 PWM 控制。Arduino 的数字 I/O 连接 NMos 的栅极（G 极），当端口输出高电平，NMos 源漏极导通，SMA 工作在最大功率状态。如果使用 PWM 控制，则可通过程序调整 SMA 中电流强度，进而控制 SMA 形态转换速度。上位机与下位机之间通过串口进行通信，上位机可以根据动画播放的时间状态实时控制下位机的工作状态，实现动画与 SMA 表演的同步。

作品五：《掌上乐动》

1. 作品概况

作品名称（中文）：《掌上乐动》（见图 12-19 和图 12-20）

完成时间：2020 年

作者/团队：冯元凌，孙启瑞，李叔秦，姚智皓

视频 12-5

作品简介：《掌上乐动》是一件集合了动觉、视觉与听觉相融合的多模态音乐体验装置。该装置收集了多位音乐家听歌时的手部动作，让参与者在聆听音乐的同时通过装置感受到音乐家听歌时的动作与节奏，带来全新的音乐欣赏体验。在此基础上，创作团队后续开发了升级版本，实现双人之间互相传递对方欣赏音乐时的手部动作，进一步提升了实时互动性。作品视频请参考视频 12-5，可扫码查看具体内容。

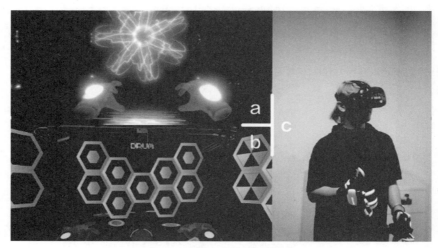

图 12-19 《掌上乐动》第一代版本

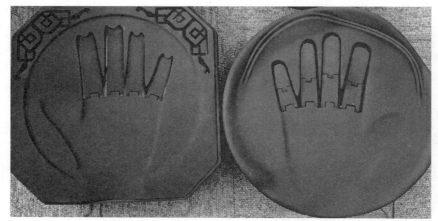

图 12-20 《掌上乐动》第二代版本

2. 设计初衷

作者在调查研究时发现，节奏感与人的愉悦感紧密相关，而身体的运动幅度也是在音乐中的沉浸度的表现，受此启发，作者希望通过身体动作来改变人们对节奏的感知，提升视听体验的愉悦感和沉浸度。同时，借由人们在听歌时发出动作的互相传递来提升现代社会中的人际紧密度。

3. 设计亮点（重点部分展示）

　　作品使用了触觉反馈交互和体感技术，并将这些新兴技术应用在探索动觉与节奏感之间的关联，试图通过力反馈创造多模态的音乐体验，并将这种体验延伸到人与人之间（见图 12-21）。作者团队对作品原型进行了全面的分析与尝试，不断在原有基础上进行迭代升级，从原型到最终呈现，经历了数次更新与打磨，形成了一套完整的原型设计流程。

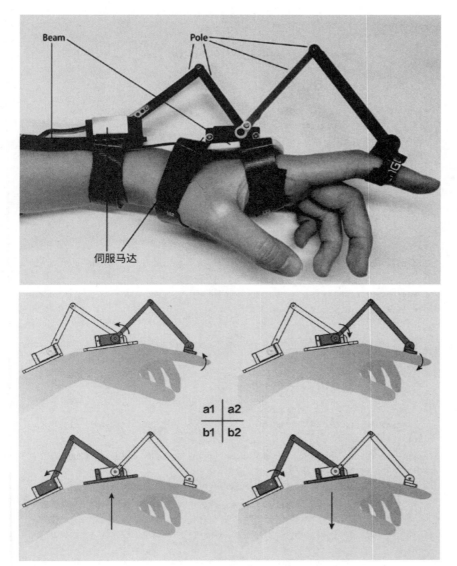

图 12-21　力反馈原型设计
（由舵机带动连杆在歌曲的节奏点带动手部）

4. 关键代码解析（见代码 12-7、代码 12-8）

第一代版本

```
    for (int i=0;i<=cnt[a]-1;i++){
//a 为歌曲index，cnt数组中记录了每首歌的节奏点数量
                            runbeats(a,i); //移动对应舵机并等待到下一个节奏点
                            if(i==cnt[a]-1){
                                flag=0;
                                Serial.print("niubi");
                                digitalWrite(LED_BUILTIN, LOW);
                            }
                        }
void runbeats(int a,int beatcount){
  if (beatcount==0){           //第一个节奏点
    delay(song[a][0]-200); //等待到第一个节奏点
//Serial.println(1);
  myservo.write(180);        //抬起舵机
  delay(150);
  myservo.write(150);        //放下舵机
  delay(150);
  }
  else{                       //第一个以外的节奏点
  delay(song[a][beatcount]-song[a][beatcount-1]-300); //节奏点数组中记录的是绝对时
间，此处换算为两个节奏点之间的时间差，为到下一个节奏点的等待时间
  myservo.write(180);        //抬起舵机
  delay(150);
```

代码 12-7

第二代版本

```
Void loop() {
  // put your main code here, to run repeatedly:
  getBendValues(); //获取弯曲传感器数值，此处需要进行一些滤波操作，否则舵机会误动
  for (int i = 0; i < 4; i++) { //4个弯曲传感器对应4个手指
    if (abs(servo_angles[i] - bend_angles[i])>1 && bend_angles[i] < 90) { //只
执行舵机角度与传感器角度不同的手指，并限制跟随的角度上限
        servo_angles[i] = bend_angles[i]; //将当前曲度值赋给舵机角度
        int angle = map(bend_angles[i], 0, 90, servo_mapa[i], 90); //校准为舵机真
实到达的角度。理论上舵机角度与传感器角度相等，但安装到机构后，舵机的旋转值与机构的角度值有误
差，所以需要使用servo_mapa数组中存储的校准值，将0°～90°之间的角度映射到校准值至90°之间，才
是舵机应该移动的角度
        //servos[i].write(angle);
        if (i == 3) { //当4个舵机安装方向不同时，分开执行
            servos[i].write(180 - angle);
        } else {
            servos[i].write(angle);
        }
    }
  }
  delay(100);
}
```

代码 12-8

上述五个案例涵盖了不同的题材、媒介、技术及设计思路，但都以 Arduino 为实现基础，将功能、效果与技术进行了合理的匹配，将一个个灵感与创意最终落实为精彩的作品。相信同学们可以从各个角度出发，对优秀作品仔细分析，一定能举一反三，为自己的创作之路找到指引与帮助。

延伸阅读：《墨甲机器人乐队》

《墨甲机器人乐队》（见图 12-22）由清华大学美术学院和清华大学未来实验室联合打造，融合了多种艺术及中国传统文化元素，旨在探索传统音乐在人工智能时代的创新表达。"墨甲"取自中国古代崇尚工程技术的重要流派"墨家"。乐队由"玉衡""瑶光""开阳"3 位机器人乐手组成，其名字源于北斗七星中的 3 颗星，分别演奏竹笛、箜篌、排鼓这 3 种中国传统民族乐器。

图 12-22 《墨甲机器人乐队》演出海报

设计初衷

以机器人演奏的形式，组建一支机器人乐队并演奏中国传统民乐，是该设计的初衷与目标（见图 12-23）。在成为首支中国风机器人乐队后，"墨甲机器人乐队"随后衍生出多场机器人剧场演出——"墨甲未来剧场"。通过融合智能科技、机器人舞台艺术、民乐演奏与话剧艺术，以及多媒体与互动技术，"墨甲机器人乐队"可以呈现从乐器合奏到小型音乐剧等多种风格的舞台演出，为大众带来全新交互与观赏体验，以及对智能时代人机共存的认识和思考。

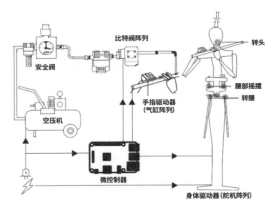

图 12-23 机器人"玉衡"设计草图

原型设计

机器人乐队的设计十分复杂，需要将完全不同的领域进行融合。主要包括：音乐设计，为机器人选择合适表现的乐器及乐曲并重新改变；机器人本体造型设计，选择带有文化内涵及设计立意的材质及塑造工艺，并符合演奏动作及控制操纵；而机器人的动作控制程序及交互表现将赋予机器人以"形态"。创作团队在进行充分研究后，选取了竹笛、排鼓、箜篌 3 种乐器作为演奏乐器，竹笛的定位是为乐队提供旋律，起到音乐主线的作用；箜篌作为伴奏乐器，以其特殊的音色为乐曲增加质感与立体度；排鼓以鼓点提供节奏。三者分别为吹奏乐器、弹奏乐器及打击乐器，组成了一只小型乐队，可以独立完成一场音乐演出。在明确了乐器选择后，创作团队开始对机器人外形及功能进行适配，最终选择了具有悠久历史的"机甲"风作为机器人的设计风格，将传统的木工工艺以"木甲"形式表现机器人形体，展现了机器人传承自"墨家"文化精神和对机甲工艺的传承，带着历史走进现代，充分展示出机器人的"中国魂"。

技术实现

"墨甲机器人"对程序控制和精密动作的控制提出了很高要求，创作团队联合精密仪器方面的专家进行联合攻关，实现了在底层控制上 200 余个自由度 10 微秒级的同步控制精度；在音乐交互方面，自主研发的内置程序已经能读懂乐谱（MIDI 格式），听懂乐音（MP3 或 WAV 格式），使得机器人能够在 1 秒内"学会"制定乐曲并进行乐器复现，目前已经能够以乐队配合的形式默契地演奏时长 5 分钟左右的乐曲。在动作交互方面，创作团队联合民乐方面的专家进行深度学习，由程序模拟并匹配相应的演奏动作，使得机器人能够由虚拟角色动作映射生成肢体的运动。创作团队具备机器人造型设计、机械结构设计，以及三维实体生成的技术基础，对所研制或使用的机器人均建立了尺寸等比、运动同构、造型艺术的三维实体模型，为实体机器人设计、研制和交互实景制作提供了很好的仿真推演基础。

"墨甲机器人"背后的设计与技术无疑是复杂而庞大系统工程，创作团队也是在摸索中不断前进，而很多整体功能的实现都可以拆分为不同小模块的操作，在最初的原型与后续的试验过程中，都可以看到很多在本书中学习过的知识内容。可以预见的是，学习好交互原型技术与设计，读者也可以制作出如此精彩优秀的作品，向着更高的山峰出发！

教师服务

　　感谢您选用清华大学出版社的教材！为了更好地服务教学，我们为授课教师提供本书的教学辅助资源。请您扫码获取。

▶▶ 教辅获取

　　本书教辅资源，授课教师扫码获取

清华大学出版社

E-mail: tupfuwu@163.com
电话：010-83470317
地址：北京市海淀区双清路学研大厦B座508

网址：http://www.tup.com.cn/
邮编：100084